FORSCHUNGSBERICHTE DES LANDES NORDRHEIN-WESTFALEN

Herausgegeben

im Auftrage des Ministerpräsidenten Dr. Franz Meyers

von Staatssekretär Professor Dr. h. c. Dr. E. h. Leo Brandt



DK 691.327:614.898
621.039.5:539.1.04

Nr. 1047

Prof. Dr.-Ing. habil. Kurt Walz
Dr.-Ing. Gerd Wischers

Forschungsinstitut der Zementindustrie Düsseldorf

# Beton als Strahlenschutz für Kernreaktoren

Als Manuskript gedruckt

WESTDEUTSCHER VERLAG / KÖLN UND OPLADEN

1961

ISBN 978-3-663-03560-2 ISBN 978-3-663-04749-0 (eBook)
DOI 10.1007/978-3-663-04749-0

# G l i e d e r u n g

## 1. Einleitung

Unter Kernreaktoren versteht man Anlagen, in denen kontrollierte Atomkernspaltungen ablaufen. Dabei wird zwischen Forschungs- und Leistungsreaktoren unterschieden. Bei Forschungsreaktoren verwendet man die bei der Kernspaltung freiwerdenden Strahlen für medizinische, naturwissenschaftliche und technische Untersuchungen, während die freiwerdende Wärme ein lästiges Nebenprodukt darstellt. Solche Forschungsreaktoren wurden in Deutschland u.a. in Berlin, Frankfurt, Geesthacht, Karlsruhe, München und Stetternich errichtet oder sind im Bau. Bei Leistungsreaktoren wandelt man die bei der Spaltung freiwerdende Wärme in elektrische Energie um und trachtet danach, die unerwünschte Strahlung ebenfalls in nutzbringende Wärme umzuformen. Bisher wurde in Deutschland nur ein kleineres Versuchskraftwerk in Kahl am Main errichtet; weitere größere Werke sind geplant.

Bei allen Reaktortypen treten verschiedenartige kernphysikalische Strahlen auf, die von einer gewissen Intensität an jeden Organismus schädigen oder sogar vernichten. Man muß daher um jeden Reaktor einen biologischen Schutzschild errichten, um das Bedienungspersonal und die Umwelt vor diesen Strahlen zu schützen. Bemessen wird der biologische Schutzschild im allgemeinen auf die $\gamma$-Strahlung und den Neutronenfluß, weil diese beiden Strahlenarten das größte Durchdringungsvermögen haben. Damit wird auch ein Schutz gegenüber anderen Strahlenarten, z.B. $\alpha$- und $\beta$-Strahlen erreicht.

Im folgenden werden die Anforderungen, die an Beton als Strahlenschutz für Reaktoren gestellt werden, kurz umrissen. Anschließend wird ausführlicher auf die beton- und bautechnischen Maßnahmen eingegangen, die zur zielsicheren Herstellung der geforderten Eigenschaften notwendig sind. Die Ausführungen dazu sind allgemein gehalten und gelten mehr oder weniger für jeden Reaktor; in den einzelnen Abschnitten wird dann gezeigt, wie entsprechend beim Bau des Forschungsreaktors Geesthacht vorgegangen wurde. Für diesen Reaktor wurden die betontechnischen Untersuchungen von den Verfassern im Forschungsinstitut der Zementindustrie (Düsseldorf) in den Jahren 1957 und 1958 durchgeführt und das Vorgehen beim Einbau des Betons vorgeschlagen.

Zum besseren Verständnis der Ausführungen wird zunächst eine kurze Beschreibung des Strahlenschutzschildes des Forschungsreaktors Geesthacht vorangestellt.

## 2. Strahlenschutzschild des Forschungsreaktors Geesthacht

Der Forschungsreaktor Geesthacht ist ein sogenannter "Schwimmbadreaktor" oder "Wasserbeckenreaktor"; d.h., die Strahlungsquelle, in der die kernphysikalischen Vorgänge stattfinden, hängt an einem Gestänge in einem mit destilliertem Wasser gefüllten Becken. Das Wasser, das die Strahlungsquelle umgibt und sie meterhoch überdeckt, hat steuernde, kühlende und auch strahlenschützende Aufgaben. Ergänzt wird dieser Strahlenschutz durch die Wände des Reaktorbeckens, so daß der gesamte thermische und biologische Schutzschild des Reaktors vom Wasser und den Wänden des Beckens gebildet wird. Für die vorliegenden Ausführungen sind nur der Aufbau und die Herstellung dieses Reaktorbeckens von Bedeutung. (Die eigentliche Aufgabe des Reaktors, seine Arbeitsweise und die zugehörigen Anlagen wurden in Beiträgen von W. JUNKERMANN [1] und E. BAGGE [2] behandelt.)

Die Länge des Reaktorbeckens beträgt von Außenrand zu Außenrand 27,2 m. Die äußere Breite des Beckens schwankt zwischen 6,5 und 9,0 m (Abb. 1). Die Dicke der Wände beträgt 1,0 bis 2,4 m. Außen ist die Beckenwand 10,8 m hoch. Nach Abzug der Bodenplatte von 1,4 m Dicke und einer Überlaufsicherung von 0,40 m ergibt sich eine Wassertiefe von 9,0 m. Durch drei Aluminiumtore kann das gesamte Becken in vier Abschnitte unterteilt werden.

Das Becken ist auf Streifenfundamenten unter den Beckenwänden aus bewehrten Stahlbetonbalken von 3,0 m Breite und 2,4 m Höhe gegründet. Die Streifengründung verläuft ohne Unterbrechung und ohne Querverbindung durch, so daß unter dem Becken eine große Kammer entstand, die wie alle angrenzenden Kellerräume als wasserundurchlässige Wanne ausgebildet wurde (Länge 21,8 m, Breite 3,0 m, Höhe nach Einbau einer 40 cm dicken Bodenplatte 2,0 m). Zwischen Reaktorbecken und Fundamentstreifen befindet sich eine horizontale Gleitschicht aus bituminösen Lagen. Da sich das Becken im Betriebszustand gegenüber der Gründung um 20 bis 30 °C erwärmt, sollen hierdurch Temperaturspannungen zwischen Becken und Fundament weitgehend ausgeschaltet werden. Auch mit den angrenzenden Bauteilen ist das Becken nicht fest verbunden, sondern durch eine senkrechte Fuge aus 5 cm dicken Korkplatten und einen Spaltklinkerbelag (Not-Drainage) getrennt. Die auf dem oberen Rand des Beckens aufliegenden Bauglieder ruhen auf Kreuzrollenlagern, so daß auch hier ein zwängungsfreies Verformen des Beckens bei Temperaturänderungen möglich ist.

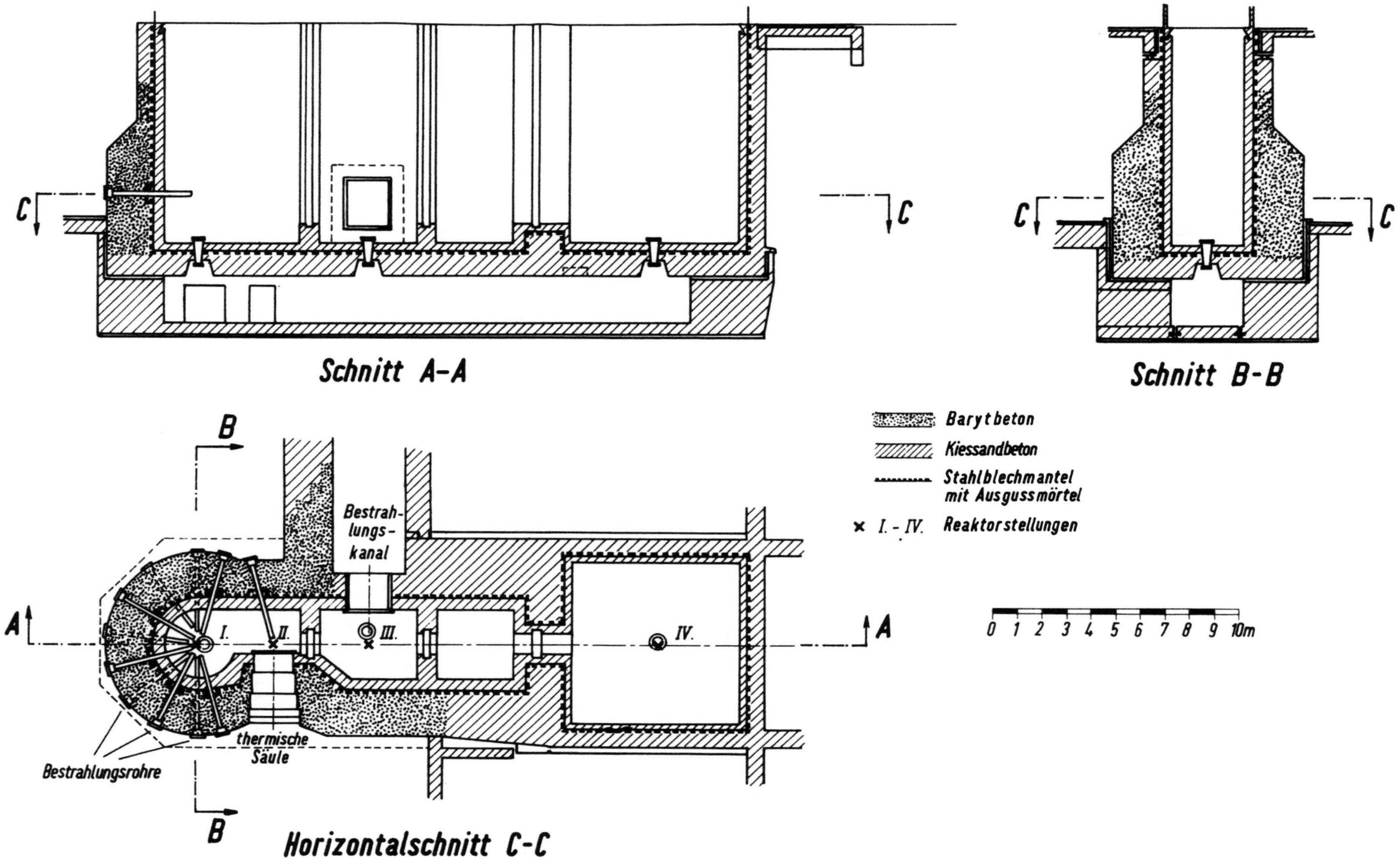


Abbildung 1

Forschungsreaktor Geesthacht; Schnitte durch das Reaktorbecken

Durch die Wände des Reaktorbeckens I führen 13 Bestrahlungsrohre (äußerer Durchmesser etwa 20 bis 30 cm) bis an die Strahlungsquelle. Außerdem wird die Reaktorwand von der sogenannten "thermischen Säule" mit einem Querschnitt von 1,7 m x 1,7 m und dem Fenster des Strahlungskanals (2,0 m breit und 2,8 m hoch) durchbrochen. Thermische Säule und Strahlenkanalfenster sind durch sehr dicke, verschweißte Stahlrahmen eingefaßt, die wie die 13 Bestrahlungsrohre satt in den Beton eingebettet worden sind.

Obwohl für den auftretenden Wasserdruck von rd. 1 $kg/cm^2$ mit Sicherheit ein wasserundurchlässiger Schwerbeton zuverlässig hergestellt werden kann, wurde wegen der Form des Beckens, die Nebenspannungen begünstigt, und wegen der vielen, z.T. metergroßen Einbauten eine dichtgeschweißte Blechwanne als Sicherung bei einer Rißbildung empfohlen. Denn es war trotz aller geplanten Maßnahmen (siehe unter 6.3) unsicher, ob Temperatur- und Schwindspannungen nicht doch zu einzelnen Rissen führen und damit die Wasserundurchlässigkeit des gesamten Beckens in Frage stellen würden. (Die Temperaturdehnzahl von Barytbeton ist etwa doppelt so groß wie die von gewöhnlichem Beton.) Man entschied sich für eine Stahlblechhaut aus 5 mm dickem Blech, die wegen der Radioaktivierung von Stahl bei Neutronenbestrahlung 50 cm von der Beckeninnenseite entfernt angeordnet wurde (bei den 1,0 m dicken Wänden nur 25 cm tief). Auf Grund der geforderten Abschirmung wählte man im Bereich der stärksten Strahlung folgenden Aufbau der Reaktorbeckenwand von außen nach innen:

| | | | | | |
|---|---|---|---|---|---|
| 1,800 m | Barytbeton | | Raumgewicht | 3,3 | $t/m^3$ |
| 0,050 m | Vergußmörtel | | Raumgewicht | 2,0 | $t/m^3$ |
| 0,005 m | Stahlblech | | Raumgewicht | 7,8 | $t/m^3$ |
| 0,500 m | Kiessandbeton | | Raumgewicht | 2,3 | $t/m^3$ |
| 0,045 m | Plattenbelag | | Raumgewicht | 2,0 | $t/m^3$ |
| 2,400 m | Wanddicke | Mittl. | Raumgewicht | 3,05 | $t/m^3$ |

Da die Intensität einer punktförmigen Strahlenquelle mit dem Quadrat der Entfernung abnimmt und der Weg durch das strahlenabsorbierende Wasser bis zum oberen Teil der Beckenwand länger ist, genügt für den oberen Teil der Wand eine geringere Abschirmwirkung. Daher verjüngt sich die Beckenwand in einer Höhe von 5,30 m von 2,40 m auf 1,10 m und geht im oberen Teil in normalen, wasserundurchlässigen Kiessandbeton über. Auch die Wände des Versuchsbeckens IV sind wegen der größeren Beckenabmessungen nur 1,0 m dick und aus Kiessandbeton ausgeführt worden.

Abbildung 2 zeigt, von der Versuchshalle aus gesehen, das Reaktorbecken (Becken I) mit den Verschlüssen der Bestrahlungsrohre.

A b b i l d u n g 2

Blick aus der Versuchshalle auf das Becken I

Der Auftrag zur Lieferung des Reaktors wurde im Dezember 1956 an die Babcock & Wilcox Co., New York, vergeben; die Betonarbeiten des Reaktorbeckens führte die Bauabteilung der Deutschen Babcock & Wilcox Dampfkesselwerke A.G., Oberhausen, in den Monaten September 1957 bis Juni 1958 durch[1].

## 3. Anforderungen an Strahlenschutzbeton

Beton wird als Baustoff im Reaktorbau vorteilhaft verwendet, weil er sowohl raumabschließende und tragende als auch strahlenschutztechnische Aufgaben übernehmen kann. Hieraus ergeben sich die besonderen Anforderungen an Strahlenschutzbeton.

1. Die Betonarbeiten wurden von Herrn Prüfingenieur Dipl.-Ing. KIEPER, Ascheberg/Holstein, die Verlegung der Bewehrung und Prüfung der Statik von Herrn Prof. Dr.-Ing. PIEPER, Prüfstelle für Statik der Hansestadt Lübeck (heute T.H. Braunschweig), überwacht.

### 3.1 Festigkeit von Strahlenschutzbeton

Die Bemessung auf Strahlenabsorption verlangt im allgemeinen recht beträchtliche Querschnittsabmessungen, so daß auch bei niedrig festgelegten Betonspannungen große Kräfte aufgenommen werden können. Eine besonders hohe Betondruckfestigkeit ist daher für Reaktorbeton nicht erforderlich. Bei der Mehrzahl der ausgeführten deutschen Reaktoren ist eine Betongüte B 225 gewählt worden.

Die Biege- oder Zugfestigkeit des Betons war bei den meisten Reaktoren nicht nachzuweisen; doch sind einzelne Schutzkonstruktionen auch nach Stadium I bemessen worden. Wenn demnach der Größe der Biegezugfestigkeit des Betons im Reaktorbau weniger Bedeutung zukommt, so sollte sie etwa 30 $kg/cm^2$ doch nicht unterschreiten, damit alle Zugnebenspannungen möglichst rissefrei aufgenommen werden können. Dabei ist zu beachten, daß in Extremfällen je nach Kornform und -oberfläche sowie Kornzusammensetzung des Zuschlags trotz gleicher Druckfestigkeit des Betons eine sehr unterschiedliche Biegezugfestigkeit entstehen kann. (Nach neueren Versuchen des Forschungsinstitutes weisen Betone praktisch gleicher Druckfestigkeit mit stetiger Sieblinie des Zuschlaggemisches eine größere Biegezugfestigkeit auf als solche aus dichtem Einkornbeton; auch nimmt die Biegezugfestigkeit mit wachsendem Durchmesser der Zuschlagkörner ab; siehe auch unter 5.6.)

### 3.2 Abschirmung der Reaktorstrahlung

Von den bei der Kernspaltung auftretenden, verschiedenen Strahlenarten weisen die $\gamma$-Strahlen und die Neutronen ein besonders großes Durchdringungsvermögen auf [3]. Der Strahlenschutzschild wird daher auf diese beiden Strahlenarten bemessen.

$\gamma$-Strahlen sind immaterielle, elektromagnetische Wellenstrahlen. Man kann sie auch aufgelöst, aus vielen einzelnen Photonen bestehend, darstellen. Die Geschwindigkeit sämtlicher Photonen ist konstant und entspricht der Lichtgeschwindigkeit; der Energiegehalt der einzelnen Photonen (ausgedrückt in Mill. Elektronen-Volt = MeV) ist jedoch unterschiedlich groß. Die Intensität der $\gamma$-Strahlung richtet sich daher nach der Zahl der Photonen je $cm^2$ normal gerichteter Fläche und je Sekunde und nach dem Energiegehalt der Photonen. (Den $\gamma$-Strahlen verwandt sind die Röntgenstrahlen, das Licht, die Wärmestrahlen und die Radiowellen, die lediglich einen geringeren Energiegehalt der Photonen aufweisen.)

Neutronenstrahlen bestehen aus Materieteilchen (Neutronen), die sich mit hoher Geschwindigkeit (schnelle Neutronen) oder mit geringerer Geschwindigkeit (thermische Neutronen) durch den Raum bewegen. Die Intensität der Neutronen hängt - wie die der $\gamma$-Strahlen - von der Zahl der Neutronen je $cm^2$ und sec und von ihrer Geschwindigkeit (Energieinhalt) ab. Zum Verständnis der vielfältigen Wechselwirkungen zwischen $\gamma$-Strahlen, Neutronenstrahlen und Materie, die letztlich zur Absorption führen, wird auf die zusammenfassenden Ausführungen von Fr. MÜNZINGER, W. MIALKI und Th. JAEGER [4] verwiesen.

In der Strahlenschutztechnik wird angestrebt, die $\gamma$-Strahlung vollständig in Wärme zu überführen und die Neutronen einzufangen, wobei deren Bewegungsenergie ebenfalls in Wärme umgewandelt wird. Die einzelnen chemischen Elemente des periodischen Systems verhalten sich sowohl hinsichtlich ihrer abschwächenden Wirkung als auch hinsichtlich der Form der Energieumwandlung sehr verschieden. So schwächt z.B. Eisen den Neutronenfluß sehr stark ab, wird dabei aber gleichzeitig selbst zu einem starken sekundären $\gamma$-Strahler, den es anschließend wieder abzuschirmen gilt.

Grundsätzlich steigt die Abschirmwirkung eines Elementes gegen $\gamma$-Strahlen mit seiner Massenzahl. Im Bereich der im Reaktor vorherrschenden $\gamma$-Strahlung zwischen etwa 1 und 3 MeV ist die Abschirmwirkung ungefähr proportional dem Raumgewicht des Abschirmmaterials, so daß diese einfache Beziehung für Überschlagsrechnungen ausreicht. Die Geschwindigkeit der Neutronen muß zunächst auf ein bestimmtes Maß herabgesenkt werden; erst dann können die Atomkerne des Abschirmstoffes sie einfangen. Zum Abbremsen sind - vor allem bei hoher Bewegungsenergie - ebenfalls Elemente hoher Massenzahl erforderlich. Leichte Elemente, besonders Wasserstoff, senken die Bewegungsenergie der Neutronen vom mittleren Bereich in den langsamen, thermischen Bereich. Ein wirksamer Neutronenschutzstoff enthält daher schwere und leichte Elemente sowie Elemente, die die thermischen Neutronen einfangen, ohne energiereiche $\gamma$-Strahlen zu emittieren.

In der Nähe des Reaktorherzens ist die Intensität der Strahlung natürlich besonders hoch; daher wird in der ersten Abschirmzone auch besonders viel Wärme freigesetzt, die u.U. den Beton oder die Betonkonstruktionen schädigen könnte. Bei "trockenen" Reaktoren wird daher um das Reaktorherz ein thermischer Schutzschild, häufig aus Stahl, angeordnet, der durch Flüssigkeit oder Gas gekühlt wird. In der ersten Zone des

Abschirmbetons sind auch schon Kühlschlangen verlegt worden, um die Wärme abzuführen. Bei Wasserbeckenreaktoren, wie dem von Geesthacht, übernimmt das umgebende Wasser diese Aufgabe; der umgebende Beton muß dann lediglich wasserundurchlässig und rissefrei bleiben. Die Forderung der Rissefreiheit und Homogenität gilt für alle Partien der Betonabschirmung, damit überall ein gleichmäßiger Strahlenschutz gewährleistet ist. So bewegen sich z.B. die Neutronen, die während des Abbremsprozesses beim Zusammenstoß mit anderen Elementen ständig ihre Richtung ändern, durch Spalte unter Einbauten und durch unregelmäßige Risse ähnlich wie ein Gas.

## 3.3 Beständigkeit gegenüber Reaktorstrahlung

Neben der Strahlenabschwächung müssen Reaktorbaustoffe gegenüber allen Strahlenarten lange beständig sein. Ob und gegebenenfalls bei welcher Intensität der die Zuschlagstoffe im Beton verkittende Zementstein verändert wird, ist noch nicht bekannt. Nach H.S. DAVIS [5] ist Beton gegenüber der starken Neutronenstrahlung von $10^{11}$ Neutronen/$cm^2$ sec sicher 10 Jahre lang beständig; eine $\gamma$-Strahlung von $2 \cdot 10^{11}$ MeV/$cm^2$ sec, die eine Temperaturerhöhung von rd. 28 $^{\circ}$C im Beton bewirkt, wird als verträglich angesehen.

## 3.4 Wirtschaftlichkeit der Strahlenabschirmung

Gegenüber Kernstrahlen wirken alle Baustoffe abschwächend, und die meisten von ihnen weisen auch eine ausreichende Beständigkeit auf. Welcher Baustoff zum Einsatz kommt, ist daher nicht nur eine technische, sondern vor allem auch eine wirtschaftliche Frage. Auch die verschiedenen Betonarten unterscheiden sich im Preis sehr stark, wobei die für die Strahlenabschwächung günstigen Schwerstbetone aus besonderen Zuschlagstoffen das Vielfache des Kiessandbetons kosten. Bei der Wirtschaftlichkeitsbetrachtung dürfen jedoch nicht nur die reinen Kosten für den Strahlenschutz verglichen werden, sondern es müssen bei der Verwendung von teurem Schwerstbeton mit hohem Raumgewicht auch die indirekten Ersparnisse berücksichtigt werden, die sich aus den dann kleineren Abmessungen des Reaktors und des umgebenden Gebäudes ergeben. Um zu echten Vergleichen zu kommen, muß praktisch die gesamte Anlage für verschiedene Abschirmstoffe durchkonstruiert und kalkuliert werden [6]. Für Forschungsreaktoren ist Schwerstbeton gegenüber Beton aus üblichen Zuschlagstoffen meist angemessen, weil es in der Regel nötig ist, möglichst nahe an die Strahlungsquelle heranzukommen. Für Leistungsreaktoren, bei denen dickere Wände weniger behindern, kann eine Abschirmung mit normalem Kiessandbeton wirtschaftlicher sein. Beim Entwerfen eines Strahlenschutzschildes ist zu beachten, daß der Preis je $m^3$ Beton mit höherem Raumgewicht nicht stetig, sondern u.U. auch sprunghaft ansteigt, nämlich dann, wenn eine schwerere, jedoch teurere Zuschlagstoffart nötig wird.

## 4. Baustoffe für Strahlenschutzbeton

An die Baustoffe für Strahlenschutzbeton werden zum Teil Anforderungen gestellt, die über die im normalen Betonbau hinausgehen.

### 4.1 Zemente für Strahlenschutzbeton

Das erhärtete Gemisch aus Zement und Wasser, der Zementstein, soll die Zuschlagstoffe dauerhaft verbinden und sich auch möglichst weitgehend an der Strahlenabsorption beteiligen. Ferner muß der Zement den Anforderungen, die der Massenbeton stellt, genügen (u.a. möglichst niedere Hydratationswärme, günstige Verarbeitbarkeit, geringes Schrumpfen).

#### Festigkeit

Zur Erlangung der geforderten mechanischen Eigenschaften des Betons (siehe 3.1) reichen die Festigkeiten der Zemente der Güteklasse Z 275 im allgemeinen aus.

#### Strahlenabsorption

Vorschläge, die darauf ausgehen, einen Zementstein mit günstigen Absorptionseigenschaften durch einen "Spezialzement" zu schaffen, erscheinen bei näherer Betrachtung ohne ausschlaggebende Bedeutung. Hierbei wird entweder an einen Zement mit besserer $\gamma$-Strahlenabsorption gedacht, bei dem z.B. das Kalzium durch Barium ersetzt ist [7], oder an einen Zement mit höherer chemischer Wasserbindung, der damit Neutronenstrahlung wirksamer abschwächt.

Bezüglich der $\gamma$-Strahlenabsorption ist zu beachten, daß der Zement in Strahlenschutzbeton mit einem Raumgewicht von z.B. 3,3 kg/$dm^3$ nur rd. 8 Gew.-%, die Zuschlagstoffe hingegen rd. 90 Gew.-% ausmachen und daß in einem Barium-Sonderzement gegenüber üblichem Portlandzement nur rd. 45 % Ca (Atomgewicht 40) durch rd. 70 % Ba (Atomgewicht 137) ersetzt sind. Die Auswirkung einer solchen Maßnahme ist also gering. Die gleiche Verbesserung kann, abgesehen vom Wegfall der Schwierigkeit einer Herstellung solchen Zements in größerer Menge, einfacher und wirtschaftlicher durch einen wenig größeren Gehalt an schweren Zuschlagstoffen erzielt werden.

Zur Neutronenabsorption ist eine möglichst große chemische Wasseranlagerung erwünscht. Bei vollständiger Hydratation binden die Normenzemente (DIN 1164) etwa 20 % des Anmachwassers, bezogen auf das Zementgewicht. Wohl ist die chemische Wasserbindung der aluminatreichen Zemente (Tonerdezement) etwas größer, doch ist dieser Vorteil für die massigen Bauteile des Reaktorbaus nicht zu nutzen, weil bei der schnellen Erhärtung der Tonerdezemente sehr viel Hydratationswärme frei wird.

In den USA ist auch die Wasserbindung des sogenannten "Magnesium-Oxychlorid-Cement" untersucht worden, die über der üblicher Zemente liegt. (In Deutschland gilt hierfür die Bezeichnung "Magnesitbinder"; derselbe wird aus kaustisch gebranntem Magnesit und Magnesiumchloridlauge angemacht.) Ein solches Bindemittel ist jedoch stark korrosionsfördernd und scheidet schon deshalb für den Reaktorbau aus. Damit stehen für den Reaktorbau hinsichtlich Neutronenabsorption praktisch keine besonderen Spezialzemente zur Verfügung. Nach neuerer Auffassung ist auch die Bedeutung der Wasserbindung des Zements für die Neutronenabsorption zunächst sehr überschätzt worden; siehe [4], S. 70.

Wärmeentwicklung

Bei massigen Bauteilen besteht die Gefahr, daß durch die Hydratationswärme des Zements Temperaturspannungen und damit Risse auftreten. Hierbei wird nach E. HAMPE [8] zwischen Spalt- und Schalenrissen unterschieden. Die gefährlicheren, u.U. durchgehenden Spaltrisse entstehen - durch Eigenspannungen begünstigt - dadurch, daß der gesamte Bauteil bei erhöhter Temperatur erhärtet und sich bei der anschließenden Abkühlung zusammenziehen will (Zwängspannungen). Die weniger tief reichenden Schalenrisse werden durch großes Temperaturgefälle zwischen Kern und äußerer Zone des Bauteils (Eigenspannungen) hervorgerufen. Neben wirksamen betontechnischen Maßnahmen können die Temperaturänderungen und -spannungen durch Auswahl eines Zements mit niederer Hydratationswärme und langsamem Erhärtungsfortschritt gemindert werden. Die Hydratationswärme des Zements, die in cal/g angegeben wird, ist eine nicht genormte Eigenschaft. Man kann aber die deutschen Zemente in drei Gruppen einteilen, wie dies in Tabelle 1 geschehen ist.

## Tabelle 1

Hydratationswärme in cal/g von deutschen Zementen*)

| | Zementart | Alter in Tagen 1 | 3 | 7 | 28 |
|---|---|---|---|---|---|
| 1 | Zemente mit hoher Hydratationswärme Z 475 | 50 bis 65 | 70 bis 85 | 85 bis 90 | 90 bis 100 |
| 2 | Übliche Zemente Z 275 und Z 375 | 30 bis 50 | 50 bis 70 | 60 bis 80 | 75 bis 100 |
| 3 | Zemente mit niedriger Hydratationswärme | 15 bis 35 | 40 bis 60 | 45 bis 65 | 55 bis 80 |

*) Bestimmung über die Lösungswärme nach ASTM C 186-55

Allgemein ist für Massenbeton, also auch für den Reaktorbau, die Gruppe 3 "Zemente mit niederer Hydratationswärme" besonders geeignet. Zur Gruppe 3 zählen u.a. Portlandzemente mit wenig oder keinem potentiellen Trikalziumaluminatgehalt ($C_3A$), Hüttenzemente mit hohem Hüttensandgehalt oder Hüttenzemente mit $C_3A$-armem Klinker und besonderem Hüttensand.

### Raumänderungen

Fehlstellen im Gefüge des Strahlenschutzbetons bedeuten eine Verminderung des Strahlenschutzes. Daher sollen sich unter größeren Zuschlagstoffen und unter Einbauten keine Spalte durch Wasserabsondern und Schrumpfen bilden. Schrumpfen und Wasserabsondern des Betons hängen zwar von der gesamten Zusammensetzung des Betons (Wasserzementwert, Zementleimgehalt) ab, sie werden aber auch vom Zement beeinflußt. Günstig verhalten sich hierbei Zemente, die einen zähklebrigen, wasserhaltenden Zementleim liefern. Diese ebenfalls nicht genormte Zementeigenschaft kann nach den "Vorläufigen Richtlinien für das Einpressen von Zementmörtel in Spannkanäle" [9] vergleichsweise beurteilt werden.

Zusammenfassend kann festgestellt werden, daß mit Rücksicht auf den Strahlenschutz die üblichen Normenzemente, unabhängig von der Zementart, gleichermaßen verwendet werden können. Aus bautechnischen Gründen sind Zemente mit niederer Hydratationswärme, die einen zähklebrigen Zementleim liefern, zu bevorzugen.

Dementsprechend wurden bisher in Deutschland für den Beton zum Strahlenschutz gewöhnliche Portland- und Hochofenzemente Z 275 sowie Hochofenzemente mit besonders hohem Hüttensandgehalt und $C_3A$-freie Portlandzemente verwendet.

### 4.2 Zuschlagstoffe für Strahlenschutzbeton

Übliche Zuschlagstoffe setzen sich vorwiegend aus Elementen mit verhältnismäßig niederem Atomgewicht wie Silizium (28), teilweise auch Kalzium (40) zusammen und sind deshalb zur Abschwächung von $\gamma$-Strahlen oder zur inelastischen Streuung sehr schneller Neutronen wenig günstig. Sie werden daher im Strahlenschutzbeton vielfach durch schwerere Zuschlagstoffe ersetzt, vorwiegend durch solche mit hohem Gehalt an Barium (137) oder Eisen (56).

#### 4.21 Schwere Zuschlagstoffe

Aus wirtschaftlichen und technologischen Gründen kommen folgende drei Zuschlagstoffarten für Strahlenschutzbeton vorwiegend in Frage:

1. Baryt (Schwerspat), als gebrochenes, aufbereitetes Gestein,
2. Eisen, als Schrott, Verarbeitungsabfälle, Schrot und Stahlsand,
3. Eisenerz, als gebrochenes, aufbereitetes Gestein.

Daneben sind auch noch verschiedene Metallhüttenschlacken und Ferrophosphor zu erwähnen.

Das höchste Raumgewicht dieser drei Zuschlagstoffe besitzt der Stahl mit rd. 7,8 $g/cm^3$. Wegen seiner hohen Zähigkeit und Festigkeit läßt sich Stahl jedoch wirtschaftlich nur mit besonderem Aufwand zerkleinern und aufbereiten, so daß man normalerweise auf mehr oder weniger beliebig geformte Verarbeitungsabfälle angewiesen ist; sie sind betontechnisch meist sehr ungünstig. Auf die ausschließliche, auch sehr kostspielige Verwendung von Stahl als Zuschlagstoff wird daher nur in besonderen Fällen zurückgegriffen.

Von den verschiedenen Eisenerzen ist vor allem Magnetit für Strahlenschutzbeton verwendet worden; daneben sind aber auch Hämatit, Ilmenit und die kristallwasserhaltigen Erze Limonit und Goethit zu erwähnen. Ihr Raumgewicht - und auch der Preis - steigen mit dem Fe-Gehalt; die

Raumgewichte liegen für die wasserfreien Erze zwischen 4,3 und 4,8 $g/cm^3$. Die Eigenfestigkeit der Erze ist je nach Fundort sehr verschieden; grobkristalline Erze mit Spaltflächen sind brüchig und wenig geeignet; feinkristalline Erze mit ungeregelter Textur sind dagegen geeigneter und lassen sich zu gedrungener Kornform brechen (Abb. 3).

A b b i l d u n g 3
Magnetitzuschlag; Korngruppe 15...40 mm

Baryt besitzt im allgemeinen ein Raumgewicht zwischen 4,1 und 4,3 $g/cm^3$; durch eisenhaltige Verunreinigung kann es auf über 4,5 $g/cm^3$ ansteigen. Auch Baryt weist nur dann eine ausreichende Spaltfestigkeit auf, wenn seine Kristalle klein und wenig geregelt sind.

### 4.22 Aufbereitung von schweren Zuschlagstoffen

Eisenerze und Baryt müssen zerkleinert, in Korngruppen klassiert und gegebenenfalls bei anhaftendem Staub gewaschen werden. Als Beispiel wird im folgenden das Vorgehen bei der Aufbereitung und Überwachung des Barytzuschlages für den Forschungsreaktor Geesthacht näher beschrieben. (Für den Strahlenschutzschild wurde hier Baryt vorwiegend aus wirtschaftlichen Gründen gewählt.)

Kornzusammensetzung

Die Kornzusammensetzung des Brechgutes wird sowohl von der Gesteinsart als auch von der Brecheranlage beeinflußt. Zweckmäßig setzt man daher durch eine vorhandene Brecheranlage in einem Großversuch eine genügende Menge der betreffenden Gesteinsart durch und bestimmt die Kornzusammensetzung des gesamten Brechgutes, so daß hiernach die zweckentsprechende Aufteilung in Korngruppen festgelegt werden kann. Im vorliegenden Fall (Baryt) war die Kornzusammensetzung des Splitts über 7 mm günstig. Doch fiel zu wenig Brechsand 0...7 mm an,und der Anteil an Mehlkorn 0...0,2 mm im Brechsand war mit über 25 % zu hoch. Der Anteil der Fraktion 3...7 mm war sehr gering. (Ähnliche Erfahrungen haben die Verfasser auch mit Magnetit gemacht.)

Da der Baryt eisenhaltig war und ein Raumgewicht von über 4,35 g/cm$^3$ besaß, konnte bei einem geforderten Mindestraumgewicht des trockenen Betons von 3,3 t/m$^3$ ein Teil des Baryts durch betontechnisch günstigen Natursand ersetzt werden (zur Berechnung des geforderten Raumgewichts siehe 5.2). Als Sand wurde Elbesand 0...3 mm vorgesehen, der zu rd. 75 % aus der Kornfraktion 0,2...1 mm bestand. Daher wurde der Baryt-Brechsand nicht bei 3 mm abgesiebt (obwohl das verfahrenstechnich wesentlich einfacher gewesen wäre), sondern es wurde nur der Anteil bis 1 mm durch Absieben vermindert. Damit ergab sich eine Aufteilung des gebrochenen Baryts in die 3 Korngruppen: 1...7 mm, 7...15 mm und 15...30 mm.

In Anlehnung an DIN 4226 (Betonzuschlagstoffe aus natürlichen Vorkommen; vorläufige Richtlinie für die Lieferung und Abnahme) und unter Berücksichtigung einer zulässigen Abweichung der einzelnen Korngruppen zur . Erlangung einer wenig streuenden Kornzusammensetzung des gesamten Zuschlaggemisches wurden folgende Richtwerte für die Aufbereitung zugrunde gelegt:

| | | | |
|---|---|---|---|
| Korngruppe 1... 7 mm: | Mehlkorn < 0,2 mm | ≦ | 6 Gew.-% |
| | Anteil 0...3 mm | | 35...50 Gew.-% |
| | Überkorn > 7 mm | ≦ | 10 Gew.-% |
| Korngruppe 7...15 mm: | Mehlkorn < 0,2 mm | ≦ | 3 Gew.-% |
| | Unterkorn < 7 mm | | 10...20 Gew.-% |
| | Überkorn >15 mm | | 15...30 Gew.-% |
| Korngruppe 15...30 mm: | Mehlkorn < 0,2 mm | ≦ | 2 Gew.-% |
| | Unterkorn<15 mm | | 5...15 Gew.-% |
| | Überkorn 30...50 mm | | 20..40 Gew.-% |

Raumgewicht

Da durch Vorversuche festgestellt wurde, daß die Wasseraufnahme des in Aussicht genommenen Baryts unter 1 Gew.-% lag, konnte das Raumgewicht bei der Überwachung einfach und ausreichend genau unmittelbar in einem Großpyknometer mit 1 l Meßinhalt bestimmt werden. Bei der Abnahme wurde das Unterschreiten eines Raumgewichtes von 4,38 g/cm$^3$ bemängelt und die Lieferung bei Unterschreiten des Raumgewichtes von 4,30 g/cm$^3$ nicht abgenommen.

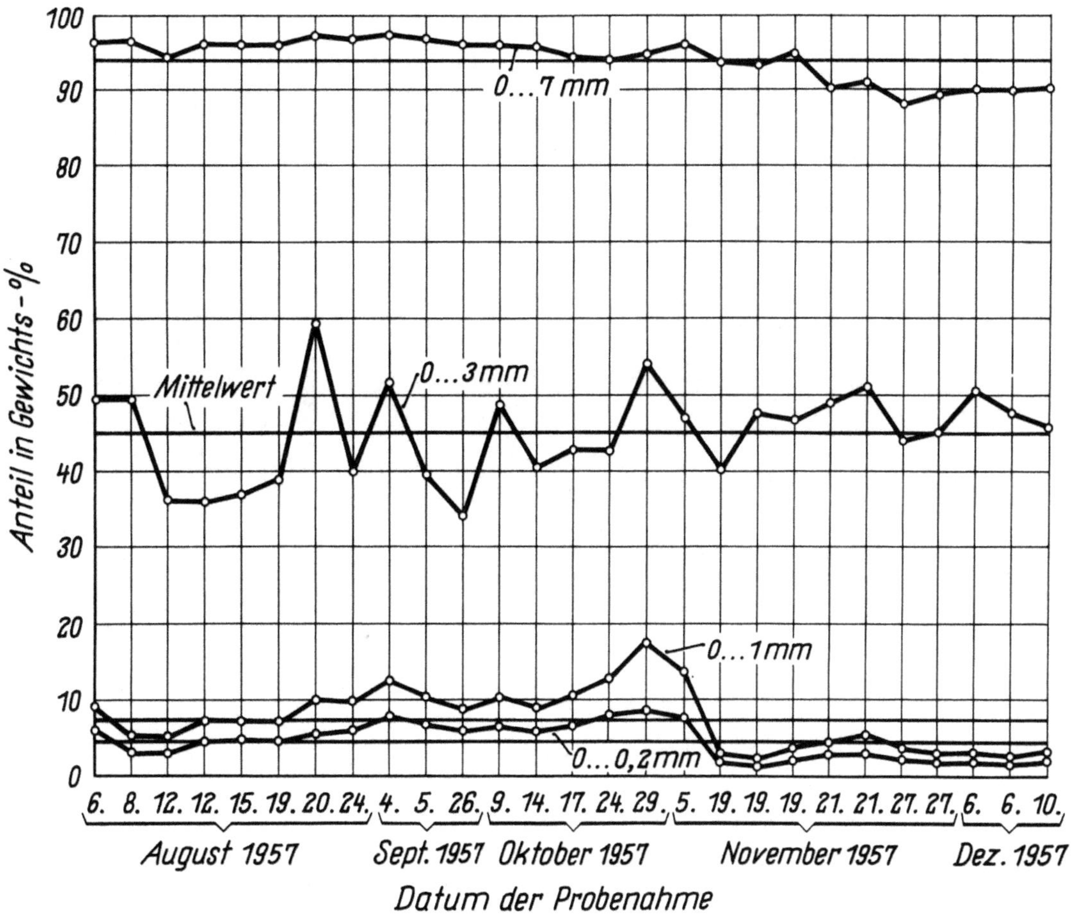


A b b i l d u n g 4

Überwachung der Barytaufbereitung. Anteil der Siebdurchgänge der Korngruppe 1...7 mm von 27 Proben

Die insgesamt 1700 t Baryt wurden in den Monaten August bis Dezember 1957 aufbereitet. In diesem Zeitraum wurden 75 Proben aus der laufenden Produktion entnommen. In Abbildung 4 ist das Ergebnis der Überwachung an 27 Proben der am meisten streuenden Korngruppe 1...7 mm graphisch dargestellt. Hiernach wurde der höchstzulässige Anteil 0...3 mm von 50 % einmal um 9 % und dreimal geringfügig überschritten. Der Anteil des Überkorns > 7 mm blieb praktisch unter 10 %. Dagegen wurde der höchstzulässige Feinstanteil < 0,2 mm von höchstens 6 % insgesamt siebenmal überschritten, allerdings nur bis zu einem Höchstwert von 8,6 %.

In Tabelle 2 ist das Ergebnis der gesamten Überwachung aller abgenommenen Lieferungen hinsichtlich Kornzusammensetzung und Raumgewicht zusammengestellt (arithmetische Mittel und Standardabweichung s). Die Beschaffenheit der drei Korngruppen geht aus Abbildung 5 hervor.

A b b i l d u n g 5

Gebrochener Baryt; Korngruppe 1...7 mm, 7...15 mm und 15...30 mm

Mit Hilfe dieser Maßnahmen gelang es demnach, die Kornaufteilung des Zuschlags trotz der mit dem häufig feuchten und lehmigen Bruchgestein verbundenen Schwierigkeiten beim Klassieren in ausreichend engen Grenzen zu halten (siehe auch unter 5.52, Abb. 6).

## 4.3 Zusätze für Strahlenschutzbeton

Eine Erhöhung der Neutronenabsorption ist durch Zusatz von bor- oder lithiumhaltigen Stoffen möglich. Als ein solcher Zusatzstoff gilt das borhaltige Erz Colemanit. Dabei ist zu beobachten [4], [10], daß es stark erstarrungs- und erhärtungsverzögernd wirkt. Die mehrfach geäußerte Empfehlung, diese Verzögerung durch Zugabe von Kalziumchlorid zu beheben, ist wegen der korrosionsfördernden Wirkung von Chloriden auf Stahl bedenklich.

## Tabelle 2

Überwachung und Abnahme des Zuschlagstoffes aus Baryt

| Korngruppe | Anzahl der Proben | Gesteins-Raumgewicht [g/cm³] | Maschen- | Durchgang in Gewichtsprozent durch das Rundlochsieb [mm] | | | | | |
|---|---|---|---|---|---|---|---|---|---|
| | | | 0,2 | 1 | 3 | 7 | 15 | 30 | 50 |
| 1...7 mm | 27 | 4,38 | 4,6 | 7,6 | 45,0 | 93,9 | 100 | 100 | 100 |
| (Standardabweichung s) | | ± 0,08 | ± 2,4 | ± 4,1 | ± 6,2 | ± 3,5 | 0 | 0 | 0 |
| 7...15 mm | 16 | 4,47 | 2,0 | 2,9 | 4,4 | 13,8 | 79,7 | 100 | 100 |
| (Standardabweichung s) | | ± 0,03 | ± 0,6 | ± 1,0 | ± 1,6 | ± 4,4 | ±11,1 | 0 | 0 |
| 15...30 mm | 31 | 4,44 | 1,5 | 2,2 | 2,9 | 4,0 | 9,8 | 73,2 | 100 |
| (Standardabweichung s) | | ± 0,08 | ± 0,5 | ± 0,8 | ± 1,2 | ± 1,9 | ± 5,5 | ±14,6 | 0 |

## 5. Zusammensetzung von Strahlenschutzbeton

Die Zusammensetzung des Strahlenschutzbetons muß nach der Stoffraumrechnung ermittelt werden. Hierbei geht man von folgender Gleichung aus:

$$\frac{Z}{\gamma_{oZ}} + W + \frac{G}{\gamma_G} + P = 1000 \quad [dm^3] \tag{1}$$

$Z$ = Zementgewicht, $W$ = Wassergehalt, $G$ = Zuschlagstoffgewicht – in kg je $m^3$ verdichteten Betons

$\gamma_{oZ}$ = spez. Gewicht des Zements in $kg/dm^3$ (PZ ≅ 3,1; HOZ ≅ 3,0)

$\gamma_G$ = Raumgewicht des Zuschlaggesteins in $kg/dm^3$

$P$ = Luftporengehalt in $dm^3$ je $m^3$ verdichteten Betons

Z und G sind unbekannt. Die übrigen Größen können meist hinreichend genau geschätzt, besonders ermittelt oder auch empirischen Zusammenstellungen entnommen werden.

Da Strahlenschutzbeton dicht sein muß, sollte der Luftporengehalt P im frischen, verdichteten Beton gering sein. Bei guter Verdichtung des Betons überschreitet dieser Luftgehalt (in Form kleiner Luftporen) selten 2 Raum-%, so daß $P \leqq 20$ angenommen werden kann.

Der für eine bestimmte Konsistenz erforderliche Wassergehalt W hängt überwiegend von der Kornzusammensetzung des Zuschlaggemisches und der Kornform sowie -oberfläche des Zuschlags ab. Für günstig zusammengesetzte Korngemische kann ein Richtwert für den Wassergehalt W in Abhängigkeit vom Größtkorn und der Konsistenz einer Tafel [11] entnommen oder mit Hilfe empirischer Beziehungen, z.B. nach [12], berechnet werden.

### 5.1 Festigkeit des Strahlenschutzbetons

Die Druckfestigkeit eines Betons mit geschlossenem Gefüge wird überwiegend von der Normenfestigkeit des Zements und vom Wasserzementwert w des Betons, d.h. vom Gewichtsverhältnis von Wasser zu Zement, bestimmt. Ist der Zement ausgewählt (siehe unter 4.1), so kann eine bestimmte Normenfestigkeit vorausgesetzt und der zur geforderten Betongüte gehörende Wasserzementwert w einer Kurve in [13] entnommen werden. (Die im Reaktorbau häufig geforderte Betongüte B 225 wird mit allen Normenzemente Z 275 und einem Wasserzementwert $\leqq 0{,}60$ sicher erreicht. Wesentlich höhere Wasserzementwerte sollten auch wegen zunehmender Neigung des

Zementleims zum Wasserabsondern und wegen der damit verbundenen geringeren Dichte des Zementsteins für Strahlenschutzbeton nicht angesetzt werden.)

Sind der für die vorgesehene Konsistenz erforderliche Wassergehalt W und der Wasserzementwert w auf diese Weise ermittelt, dann läßt sich der zugehörige Zementgehalt errechnen

$$\text{Zementgehalt } Z = \frac{\text{Wassergehalt}}{\text{Wasserzementwert}} = \frac{W}{w} \qquad (2)$$

Nach Gleichung (1) wird dann bei bekanntem oder geschätztem Raumgewicht $\gamma_G$ des Zuschlaggesteins der Zuschlaganteil (Stoffraum) erhalten oder es kann von einem geforderten Trocken-Raumgewicht des Betons ausgehend das Gesteinsraumgewicht ermittelt werden, das der Zuschlag aufweisen muß.

## 5.2 Raumgewicht

Wird ein bestimmtes Trocken-Raumgewicht R des Betons gefordert, so muß die Summe aus Zementgehalt Z, Wassergehalt W und Zuschlaganteil G - unter Berücksichtigung des Wasserverlustes beim Austrocknen des erhärteten Betons. - dieses Gewicht ergeben. Dabei ist zu berücksichtigen, daß das bei der Hydratation des Zements nicht gebundene Wasser bis auf die sogenannte Ausgleichsfeuchtigkeit aus dem erhärteten Beton verdunsten wird. Der erhärtete Beton ist daher leichter als der frische, noch nicht erhärtete Beton. Der Anteil des chemisch gebundenen Wassers beträgt etwa 20 % des Zementgewichts. Die Ausgleichsfeuchtigkeit kann unter durchschnittlichen Verhältnissen in einem Reaktorgebäude bei einer angenommenen relativen Luftfeuchtigkeit von 50...70 % mit etwa 3 Raum-% angenommen werden[2]. Der Wasserverlust errechnet sich damit zu etwa W - (0,20 Z + 30) kg je $m^3$ Beton oder für eine durchschnittliche Betonzusammensetzung zu rd. 60 bis 90 $kg/m^3$. Dem Entwurf der Mischung ist daher ein um etwa 100 $kg/m^3$ (besser um 150 $kg/m^3$) größeres Frischbeton-Raumgewicht zugrundezulegen.

---

2. Nach HALLER, P.: Der Austrocknungsvorgang von Baustoffen. EMPA-Bericht Nr. 139, Zürich 1942, betrug die Ausgleichsfeuchtigkeit für den üblichen Beton mit einem Zementgehalt von 250 $kg/m^3$ und einem Trocken-Raumgewicht von 2,26 $kg/dm^3$ bei einer relativen Luftfeuchtigkeit von 35 % rd. 2,5 Raum-% und bei einer relativen Luftfeuchtigkeit von 70 % rd. 4,2 Raum-%.

Mit dem Wassergehalt W des Frischbetons und dem Zementgehalt Z ergibt sich das Zuschlaggewicht je $m^3$ Beton zu

$$G = R + 150 - Z - W \quad [kg] \tag{3}$$

Das Wasser nimmt im frischen Beton den Stoffraum W [$dm^3$] und der Zement den Stoffraum $\frac{Z}{\gamma_{oZ}}$ [$dm^3$] ein; hinzu kommt der Luftporengehalt P.

In 1 $m^3$ Beton verbleiben an Stoffraum für das Zuschlaggestein

$$\frac{G}{\gamma_G} = 1000 - W - \frac{Z}{\gamma_{oZ}} - P \quad [dm^3] \tag{4}$$

Für das geforderte Trocken-Raumgewicht R des Betons errechnet sich hiernach das Raumgewicht des Zuschlaggesteins zu

$$\gamma_G = \frac{R + 150 - Z - W}{1000 - W - \frac{Z}{\gamma_{oZ}} - P} \quad [kg/dm^3] \tag{5}$$

## 5.3 Wassergehalt des erhärteten Strahlenschutzbetons

Das zur Absorption der Neutronenstrahlung bedeutungsvolle, im erhärteten, trockenen Reaktorbeton festgehaltene Wasser kann nach 5.2 zu etwa (0,20 Z + 30) kg je $m^3$ Beton angenommen werden. Bei üblichem Zementgehalt von 250 bis 300 kg/$m^3$ sind dies etwa 80 bis 90 kg Wasser je $m^3$ Beton.

## 5.4 Wasser- und Gasundurchlässigkeit

Es bereitet keine Schwierigkeiten, den Beton gegenüber den bei Wasserbecken-Reaktoren vorkommenden Wasserdrücken undurchlässig herzustellen. Der Wasserzementwert undurchlässigen Betons soll allgemein bei massigen Bauteilen 0,70 und bei dünnwandigen 0,55 nicht übersteigen; weiteres siehe unter [14].

Durchschnittlich zusammengesetzter Beton ist im feuchten Zustand weitgehend gasundurchlässig. Für stark ausgetrockneten Beton sollte jedoch sicherheitshalber eine vollkommene Gasundurchlässigkeit nicht mehr vorausgesetzt werden.

Eine wirkungsvolle Dichtung wird durch sorgfältig aufgetragene, porenfreie Anstrichfilme erzielt [14].

## 5.5 Zusammensetzung des Strahlenschutzbetons für den Forschungsreaktor Geesthacht

Für den Kernreaktor Geesthacht wurde ein wasserundurchlässiger Barytbeton mit einem Mindestraumgewicht des trockenen Betons von 3300 kg/m³ und einer Betongüte B 225 gefordert.

### 5.51 Entwurf der Mischung

Zum Entwurf der Mischung wurde nach den Ausführungen unter 5.2 von einem Frischbetonraumgewicht von 3300 + 150 = 3450 kg/m³ ausgegangen. Der Beton sollte in den mit starker Bewehrung und vielen Einbauten versehenen Wänden von 1,8 m Dicke lagenweise eingebracht und mit Innenrüttlern verdichtet werden. Um einen möglichst wenig schrumpfenden und schwindenden Beton zu erhalten, wurde ein niederer Wasser- und Zementleimgehalt angestrebt und dementsprechend ein steifer Frischbeton mit einem Eindringmaß nach DIN 1048 von 5 bis 8 cm vorgesehen.

Zu dieser Konsistenz gehört unter Voraussetzung eines günstigen Zuschlaggemisches 0/30 mm ein Wassergehalt W von 160 kg/m³ [11]. Der Wasserzementwert w wurde zu 0,60 gewählt (siehe unter 5.1). Damit ergab sich nach Gleichung (2) ein Zementgehalt Z von rd. 270 kg/m³. Das erforderliche Gewicht G des Zuschlaggemisches in 1 m³ Beton wurde nach Gleichung (3) zu

$$G = 3450 - 270 - 160 = 3020 \ [kg/dm^3]$$

berechnet und die benötigte durchschnittliche Rohwichte des Zuschlaggesteins nach Gleichung (5) zu

$$\gamma_G = \frac{3020}{1000 - 160 - \frac{270}{3,1} - 20} = \frac{3020}{733} = 4,12 \quad [kg/dm^3]$$

Das Zuschlaggemisch war aus Elbesand E 0...3 mm und gebrochenem Baryt B 0...30 mm zusammenzusetzen. Mit dem durch Vorversuche ermittelten Gesteinsraumgewicht des Baryts von mindestens 4,35 kg/dm³ und dem des Elbesandes von 2,63 kg/dm³ ergab sich entsprechend den Ansätzen

$$2,63\ E + 4,35\ B = 4,12 \text{ und } E + B = 100\ \%$$

ein zulässiger Elbesandgehalt des Zuschlaggemisches von 13,4 Gew.-%.

### 5.52 Kornzusammensetzung

Für wasserundurchlässigen Beton ist eine Kornzusammensetzung des Zuschlaggemisches im oberen Bereich zwischen den Grenzsieblinien D und E der DIN 1045, Abbildung 2, zweckmäßig [14]. Zur Verfügung standen der Elbesand 0...3 mm und die Baryt-Korngruppen, deren Rohwichte und Kornzusammensetzung in Tabelle 2 wiedergegeben sind. Nach den Siebversuchen setzte sich der Elbesand aus folgenden Fraktionen zusammen:

| bis | 0,2 | 1 | 3 | 7 | mm |
|---|---|---|---|---|---|
| | 3,3 | 78,0 | 99,1 | 100 | Gew.-% |

(Ist - wie hier - ein Korngemisch aus Korngruppen mit unterschiedlichem Gesteinsraumgewicht zusammenzusetzen (2,63 und 4,38 bis 4,47), so muß die Berechnung von Stoffraumanteilen ausgehen.) Mit den in den Spalten 4 und 5 der Tabelle 3 aufgeführten Anteilen der einzelnen Korngruppen wurde ein günstig zusammengesetztes Zuschlaggemisch erhalten, das die gestellten Forderungen erfüllte (13 Gew.-% Elbesand und Sieblinie etwas unterhalb E).

Aus Abbildung 4 und Tabelle 2 geht hervor, daß die Kornzusammensetzung der einzelnen Korngruppen des Baryts je nach Lieferung in mäßigen Grenzen schwankte. Dementsprechend streute auch die Kornzusammensetzung des Zuschlaggemisches gegenüber der errechneten mittleren Zusammensetzung etwas. (In Tabelle 2 ist neben dem jeweiligen Mittelwert für die einzelnen Siebdurchgänge auch die zugehörige Standardabweichung s angegeben. Sie erfaßt vereinzelte, besonders große Abweichungen nicht, jedoch liegen 68,3 % aller Werte innerhalb dieses Bereiches.) Für den sehr ungünstigen Fall, daß zufällig die Kornzusammensetzung jeder der vier Korngruppen mit allen Kornfraktionen um ihre Standardabweichung entweder nur nach unten oder nur nach oben vom Mittelwerte streute, ergab sich in Abbildung 6 der schraffierte Bereich, in dem sich unter dieser Annahme die Kornzusammensetzung des Zuschlaggemisches bewegte. In Abbildung 6 ist auch die errechnete mittlere Sieblinie S des Gemisches (siehe Tab. 3) aufgetragen.

### 5.53 Eignungsprüfung

Die rechtzeitige Durchführung von Eignungsprüfungen (DIN 1048) ist für Strahlenschutzbeton besonders wichtig, weil die Mischungszusammensetzung außer auf ausreichende Verarbeitbarkeit und eine bestimmte Betongüte auch auf ein bestimmtes Raumgewicht, auf geringe Raumänderungen, Wärme-

## Tabelle 3

**Kornzusammensetzung des Baryt-Natursand-Gemisches für den Forschungsreaktor Geesthacht**

| Korngruppe | Gesteins-Raumgewicht [kg/dm³] | Anteil | | Durchgang in Stoffraum-% durch das | | | | | | |
|---|---|---|---|---|---|---|---|---|---|---|
| | | | | Maschen- | Rundlochsieb [mm] | | | | | |
| | | Gew.-% | Stoffr.-% | 0,2 | 1 | 3 | 7 | 15 | 30 | 50 |
| Elbesand 0...3 mm | 2,63 | 13 | 20,1 | 0,6 | 15,7 | 19,9 | 20,1 | 20,1 | 20,1 | 20,1 |
| Baryt 1...7 mm | 4,38 | 33 | 30,6 | 1,4 | 2,3 | 13,8 | 28,7 | 30,6 | 30,6 | 30,6 |
| Baryt 7...15 mm | 4,47 | 20 | 18,2 | 0,4 | 0,5 | 0,8 | 2,5 | 14,5 | 18,2 | 18,2 |
| Baryt 15...30 mm | 4,44 | 34 | 31,1 | 0,5 | 0;7 | 0,9 | 1,2 | 3,1 | 22,8 | 31,1 |
| Gesamtzuschlag | 4,14 | 100 | 100,0 | 2,9 | 19,2 | 35,4 | 52,4 | 68,3 | 91,7 | 100,0 |

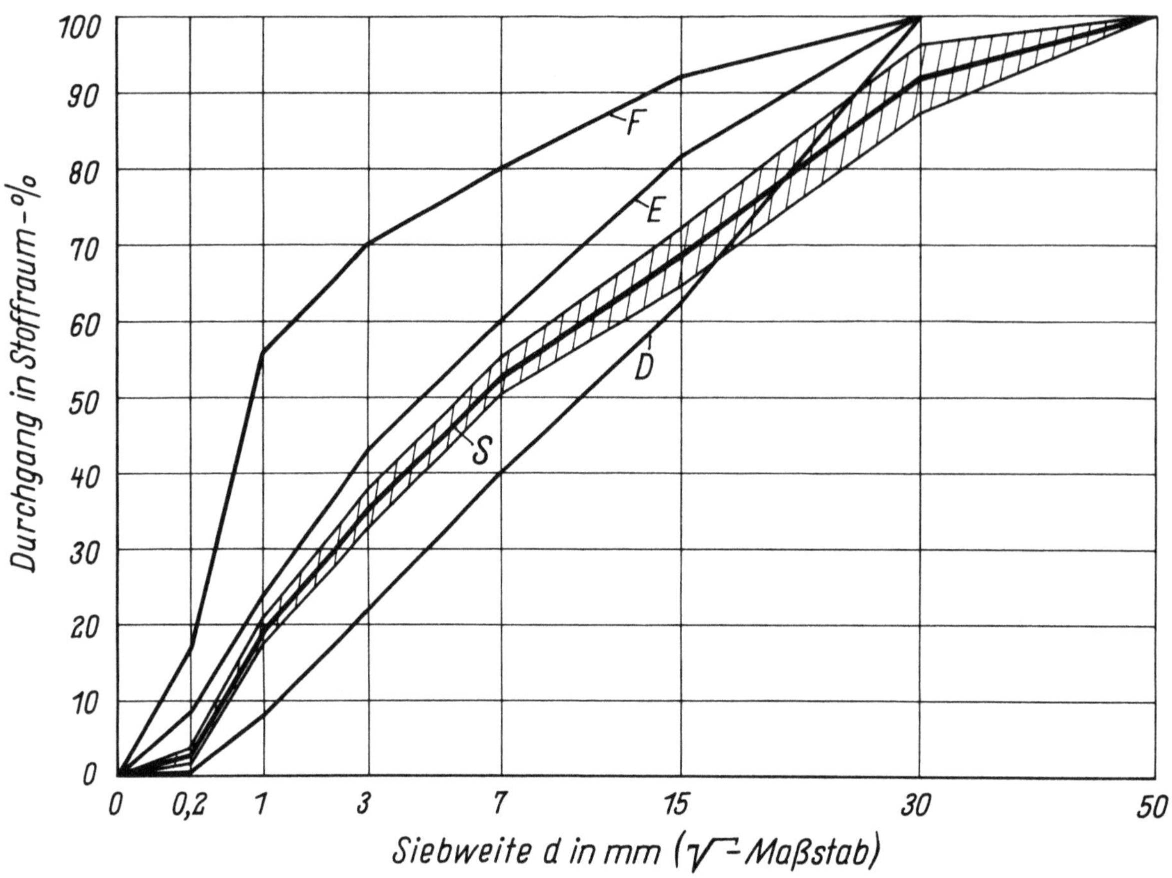


A b b i l d u n g 6

Sieblinie S des Zuschlaggemisches aus Natursand 0...3 mm und gebrochenem Baryt 0...30 mm. (Die schraffierte Fläche gibt den Streubereich an, der sich unter ungünstigen Bedingungen aus der Standardabweichung s der 76 Proben errechnet.)

entwicklung und oft auch auf hohe Wasserundurchlässigkeit abgestimmt werden muß. Daher wurden auch hier mit dem vorgesehenen Hochofenzement Z 225 die Eigenschaften der entworfenen Mischung nachgeprüft (Konsistenz, Frischbetonraumgewicht, Biegezug- und Druckfestigkeit, Wasserundurchlässigkeit und Trocken-Raumgewicht). Nach dem Entwurf der Mischung (siehe 5.51) betrug das Mischungsverhältnis in Gewichtsteilen

Zement : Zuschlagstoff : Wasser = 1 : 11,20 : 0,59.

Betonkonsistenz

Der mit dieser Zusammensetzung hergestellte frische Beton hatte ein Eindringmaß von e = 6,0 cm (DIN 1048). Er war beim Schütten lose bis schollig zusammenhängend; beim Schütten sonderten sich einzelne grobe Teile etwas ab. Der Mörtel im Beton (Abb. 7) war schmierig-klebend.

Durch Klatschen mit einer Kelle kam der Beton etwas ins Fließen und verdichtete sich. Beim Rütteln mit einem leichten Innenrüttler (Flaschendurchmesser 32 mm; n ≅ 3000 U/min) wurde der Beton sehr beweglich und nahm rasch ein geschlossenes Gefüge an.

A b b i l d u n g 7

Frischer, unverdichteter Barytbeton aus 13 Gew.-% Natursand 0...3 mm und 87 Gew.% gebrochenem Baryt 0...30 mm; (Feinmörtel im Beton schmierig-teigig)

Frischraumgewicht und Betonzusammensetzung

Das Raumgewicht des Frischbetons wurde nach sorgfältiger Verdichtung mit Innenrüttlern mehrfach bestimmt; es schwankte zwischen 3,46 kg/dm$^3$ und 3,49 kg/dm$^3$ und lag im Mittel bei 3,47 kg/dm$^3$. (Dem Entwurf der Mischung wurde ein Raumgewicht von 3450 kg/dm$^3$ zugrunde gelegt; siehe 5.51.)

Durch Rechnung ergeben sich damit in 1 m$^3$ frischem, verdichtetem Beton die in Tabelle 4 zusammengestellten Bestandteile.

Biegezug- und Druckfestigkeit nach DIN 1048

Die Biegezugfestigkeit wurde an Balken (70 cm x 15 cm x 10 cm) nach Feuchtlagerung und die Druckfestigkeit an Würfeln von 20 cm Kantenlänge nach 7tägiger Feucht- und 21tägiger Luftlagerung ermittelt. Nach 28 Tagen lieferte der Beton gemäß Tabelle 5 bei der Eignungsprüfung ein

## T a b e l l e 4

Zusammensetzung des Barytbetons für den Forschungsreaktor Geesthacht

| Bestandteile | (1) Spez. Gewicht (2) Gesteins-Raumgewicht [g/cm$^3$] | Zusammensetzung von 1 m$^3$ verdichtetem Beton nach Gewicht [kg] | Zusammensetzung von 1 m$^3$ verdichtetem Beton nach Stoffraum [dm$^3$] |
|---|---|---|---|
| Zement | (1) 3,00 | 271 | 90 |
| Elbesand 0...3 mm | (2) 2,63 | 395 | 150 |
| Baryt 1...7 mm | (2) 4,38 | 1003 | 229 |
| Baryt 7...15 mm | (2) 4,47 | 608 | 136 |
| Baryt 15...30 mm | (2) 4,44 | 1033 | 233 |
| Wasser | (1) 1,00 | 160 | 160 |
| Luft | - | - | 2 |
| Beton | | 3470 | 1000 |

T a b e l l e 5

Raumgewicht, Druck- und Biegezugfestigkeit des Barytbetons im Alter von 28 Tagen (Prüfung nach DIN 1048)

| Raumgewicht*) [kg/dm³] | Druckfestigkeit [kg/cm²] | Biegezugfestigkeit [kg/cm²] |
|---|---|---|
| 3,43 | 353 | 45 |
| 3,48 | 363 | 41 |
| 3,46 | 353 | 38 |
| 3,47 | 346 | 42 |
| 3,48 | 355 | 38 |
| 3,45 | 361 | 38 |
| Mittel: 3,46 | 355 | 40 |

*) Ermittelt an den Würfeln

mittleres Raumgewicht von 3,46 $kg/dm^3$, eine Druckfestigkeit von 355 $kg/cm^2$ und eine Biegezugfestigkeit von 40 $kg/cm^2$.

Einen Schnitt durch den erhärteten Barytbeton für den Forschungsreaktor Geesthacht gibt Abbildung 8 wieder.

A b b i l d u n g 8

Schnitt durch den Barytbeton des Kernreaktors Geesthacht

Wasserdurchlässigkeit im Alter von 28 Tagen

Zur Prüfung auf Wasserdurchlässigkeit wurden senkrecht hergestellte Platten (20 cm x 20 cm x 12 cm) benutzt. Sie wurden gemäß DIN 1048 vorbereitet und dann nacheinander 48 Stunden lang einem Wasserdruck von 1 $kg/cm^2$, 24 Stunden lang von 3 $kg/cm^2$ und abschließend 72 Stunden lang von 7 $kg/cm^2$ ausgesetzt. Bis zum Abschluß der 6tägigen Prüfung drang kein Wasser durch die Platten. Die Platten wurden nach Beendigung der Prüfung gespalten; dabei zeigte sich, daß das Druckwasser den Beton bis rd. 10 cm tief durchfeuchtet hatte.

Da der Wasserdruck im Reaktor höchstens 1 $kg/cm^2$ (10 m Wassersäule) beträgt, bei der Prüfung dagegen ein Vielfaches dieses Druckes wirkte, und da der Beton im Reaktor sich erst nach längerer Erhärtung bei Undichtwerden der Blechwanne bewähren müßte, war die Prüfbeanspruchung sehr ungünstig. Mit der entworfenen Mischung konnte daher die angestrebte hohe Wasserundurchlässigkeit sicher gewährleistet werden.

Trocken-Raumgewicht

Nach einer 5wöchigen Lagerung unter feuchten Tüchern und anschließender 2wöchiger Luftlagerung wurden Proben des Barytbetons bei + 105 °C bis zur Gewichtskonstanz getrocknet. Das Trocken-Raumgewicht (Abkühlung über Silikagel) sank dadurch auf rd. 3,35 $kg/dm^3$ ab. (Verlangt wurden mindestens 3300 $kg/m^3$, siehe unter 5.5.) Von den 160 $kg/m^3$ Anmachwasser waren somit nach 7 Wochen 160 - (3470 - 3350) = 40 kg Wasser oder 15 % des Zementgewichts bei + 105 °C nicht mehr verdampfbar, also bereits gebunden.

5.6 Ausgußbeton

Neben dem üblichen aus Zement, Wasser und Zuschlag gemischten Beton wird im Reaktorbau häufig sogenannter Ausgußbeton, auch "vorgepackter Beton" genannt, verwendet. Bei diesem Beton werden zunächst nur grobe Zuschlagkörner von etwa 20 bis zu 150 mm Durchmesser in die Schalung möglichst dicht gelagert eingebracht. Anschließend wird der Hohlraum dieses Gesteinsgerüstes mit Zementmörtel ausgegossen bzw. verpreßt. Obwohl für den Entwurf eines Ausgußbetons die Stoffraumrechnung ebenfalls gilt, soll auf den Rechnungsgang kurz eingegangen werden, weil er von dem üblicher Betone etwas abweicht.

Eine Schüttung gleich großer Kugeln enthält (unabhängig vom Durchmesser der Kugeln) in dichtester Packung rd. 26 % und in weniger dichter

Lagerung bis zu 48 % Hohlraum. Da die für Ausgußbeton eingebauten Zuschlagkörner weder kugelig noch gleich groß sind, schwankt der Hohlraum des Gesteinsgerüstes je nach Kornform, Kornverteilung und Dichte der Lagerung (lose geschüttet, eingerüttelt oder von Hand eingesetzt) im allgemeinen zwischen 35 und 45 Raum-%. Der Hohlraum wird zweckmäßig durch Vorversuch mit dem für den Bau vorgesehenen Zuschlag ermittelt. Ist dies nicht möglich, dann kann man beim Entwurf der Mischung davon ausgehen, daß das Gesteinsgerüst 60 Stoffraum-% einnimmt und vom Mörtel 40 % Hohlraum zu füllen sind. Das geforderte Raumgewicht des frischen Betons von (R + 150) ergibt sich aus:

$$R + 150 = 1000 \cdot 0{,}60\ \gamma_G + 1000 \cdot 0{,}40 \cdot \gamma_M \quad [kg/m^3] \qquad (6)$$

Dabei ist $\gamma_M$ das Raumgewicht des frischen Mörtels in $kg/dm^3$. Der Mörtel muß ein ausreichendes Fließvermögen, eine bestimmte Festigkeit und ein bestimmtes Raumgewicht aufweisen; ferner soll er sich bis zum Erstarren möglichst wenig absetzen (Schrumpfen). Der Wasseranspruch richtet sich weitgehend nach der Kornzusammensetzung des Sandes, dessen Größtkorn im allgemeinen 3 mm nicht übersteigen soll. Nach unseren Erfahrungen liegt der Wasseranspruch $W_M$ eines ausreichend flüssigen Mörtels mit gemischtkörniger, günstiger Zusammensetzung des Sandes bei etwa 350 kg je $m^3$ Mörtel. Der Wassergehalt kann bei feinkornreichen Sanden auf über 400 $kg/m^3$ ansteigen. Für den Mischungsentwurf kann $W_M = 380\ kg/m^3$ angenommen werden. Die Festigkeit des Mörtels, die bei gleichen Prüfkörperabmessungen im allgemeinen etwas über der des Ausgußbetons liegt, hängt bei gleichem Zement ebenfalls vom Wasserzementwert ab. Um das Absetzen des Mörtels zu vermindern, sollte ein Wasserzementwert von 0,50 möglichst nicht überschritten werden. (Diese Grenze soll auch eingehalten werden, wenn der Mörtel einer besonders günstigen Mischweise unterworfen oder ihm ein gasbildendes Treibmittel zugesetzt wird.) Mit einem Wasseranspruch $W_M$ von 380 $kg/m^3$ erhält man bei einem Wasserzementwert von 0,50 einen Zementgehalt $Z_M$ von 760 kg je $m^3$ Ausgußmörtel. Es verbleibt also für den Sand ein Stoffraum von

$$\frac{G_M}{\gamma_G} = 1000 - \frac{Z_M}{\gamma_{oZ}} - W_M \quad [dm^3] \qquad (7)$$

(Es bedeuten: $G_M$ = Sandgewicht in 1 $m^3$ Mörtel; $\gamma_G$ = Gesteinsraumgewicht des Sandes.)

Für obiges Beispiel ergibt sich der vom Sand einzunehmende Stoffraum zu rd. 370 $dm^3$. Der Zuschlag im Ausgußbeton (Sand und Korngerüst) muß nach Gleichung (6) und (7) bei einem geforderten Raumgewicht des fertigen Ausgußbetons von (R + 150) ein durchschnittliches Gesteinsraumgewicht von

$$\gamma_G = \frac{R + 150 - 0{,}40\ (Z_M + W_M)}{1000 \cdot 0{,}60 + 0{,}40\ (1000 - \frac{Z_M}{\gamma_{oZ}} - W_M)} \quad [kg/dm^3] \qquad (8)$$

aufweisen. Wird für den Mörtel Natursand verwendet, so kann entsprechend 5.51 das mindestens erforderliche Gesteinsraumgewicht des Korngerüstes errechnet werden, da die Menge und das Gesteinsraumgewicht des Sandes in etwa festliegen (für die quarzreichen Natursande rd. 2,62 $kg/dm^3$).

## 6. Herstellen und Einbau von Reaktorbeton

Die allgemein zur Erzielung eines gleichmäßigen Betons notwendigen Maßnahmen sind bei fertig gemischtem Reaktorbeton besonders sorgfältig einzuhalten. Wegen des großen Unterschiedes im Raumgewicht zwischen Feinmörtel und gröberen Zuschlagteilen besteht im allgemeinen beim Reaktorbeton eine größere Neigung zum Entmischen.

Beim Entleeren der Mischmaschine oder beim Transport augenscheinlich entmischter Beton ist vor dem Einbringen in die Schalung durchzuschaufeln oder so zu schütten, daß die Entmischung wieder ausgeglichen wird. Wegen der Schwierigkeit des Einbringens und Verdichtens in die Wände wird der Beton oft verhältnismäßig weich angemacht. Die Möglichkeit, daß solcher Beton sich entmischt und daß sich unter größeren, horizontalen Einbauten und unter größeren Zuschlagkörnern wasser- und feinstoffreiche Schichten oder Schrumpfspalte mit geringerer Strahlenabsorption bilden, ist dann besonders groß.

Bei der Füllung von Mischmaschine und Fördergefäßen muß darauf Rücksicht genommen werden, daß das Raumgewicht des Reaktorbetons etwa 1,5- bis 2mal so groß wie das des üblichen Kiessandbetons ist. Wegen des höheren Schalungsdruckes sind stärkere Schalungen und kräftigere Aussteifungen (auch bei den Zuschlagstoffbunkern) erforderlich.

### 6.1 Einbau von Ausgußbeton

Ungleichmäßigkeiten, wie sie bei weichem, fertig gemischtem Beton auftreten können, sind bei Ausgußbeton weniger möglich. Voraussetzung ist allerdings, daß das Steingerüst gleichmäßig dicht und bis unter den Einbauten ansteht. Deshalb muß es unter größeren, horizontalen Einbauten von Hand gesetzt und gestopft werden. Das Fließvermögen des Mörtels und das Einpressen müssen ferner so abgestimmt werden, daß der Mörtel alle Hohlräume im Steingerüst sicher ausfüllt. Nach unseren Feststellungen verlangt diese Forderung besondere Sorgfalt beim Verpressen.

Das Kleinstkorn des Zuschlaggerüstes sollte wenigstens 20, besser 30 mm betragen. Der Mörtel muß sehr ausgiebig gemischt werden (mindestens 2 min). Zur Überprüfung des Fließvermögens eignet sich das vom ersten Verfasser entwickelte Eintauchgerät für Einpreßmörtel [9], dessen Spaltweite auf Vorschlag von A. BAUER und J. SEETZEN [15] für Mörtel 0...3 mm auf 3,5 mm erweitert wurde.

Die Einpreßrohre dürfen keinen großen Abstand voneinander haben, und die Verpreßgeschwindigkeit darf nicht groß sein. Als Richtwerte können ein Rohrabstand von rd. 1 m und eine mittlere Steiggeschwindigkeit des Mörtelspiegels von 50 cm je Stunde angegeben werden. Bei größeren, horizontalen Einbauten empfiehlt es sich, den Ausgußmörtel von einer Seite unter den Einbauten vorzutreiben, damit Lufteinschlüsse vermieden werden (sinngemäß wie in Abb. 11).

Die Körner des Gesteinsgerüstes müssen staubfrei sein; sie werden zweckmäßig feucht eingebaut, weil von trockenem Gestein, wenn es nicht ungewöhnlich dicht ist, so viel Wasser aus dem Mörtel angesaugt wird, daß derselbe steifer wird und ein zusammenhängender Mörtelspiegel in Frage gestellt ist.

Es ist aber durchaus möglich, durch Beachtung aller Erfordernisse einen gleichmäßig dichten Ausgußbeton zu gewährleisten.

### 6.2 Einbau von fertig gemischtem Beton

Um die Neigung zum Entmischen zu verhindern, sollte möglichst nur steifer Rüttelbeton mit wenig entmischendem Kornaufbau vorgesehen werden. Abbildung 9 zeigt Strahlenschutzbeton in zweckmäßiger Konsistenz, wie er beim Bau des Forschungsreaktors Geesthacht verwendet wurde. Mit solchem Beton kann die Strahlenschutzwand in einem Zuge oder schichtweise hochgeführt werden; beide Bauweisen haben Vorteile.

Beim Betonieren in einem Zuge entfallen die horizontalen Arbeitsfugen, die eine besondere Behandlung erfordern, wenn dort eine Unterbrechung des monolithischen Gefüges sicher vermieden werden soll.

A b b i l d u n g 9
Unverdichteter Barytbeton für den Kernreaktor Geesthacht
mit zweckmäßiger Konsistenz (Eindringmaß nach DIN 1048 e = 6 cm)

Das schichtweise Betonieren mit mehrtägiger Unterbrechung hat den Vorteil, daß ein Teil der in der vorausgegangenen Schicht entwickelten Hydratationswärme abfließen kann, bevor die neu betonierte Schicht das Bauwerk weiter aufheizt. Bei diesem Vorgehen bleibt die mittlere Temperatur des massigen Baukörpers im ganzen niedriger, weil die in den einzelnen Schichten verbleibende Wärmemenge je nach deren Höhe sowie dem zeitlichen Abstand des Betonierens in gewissen Grenzen vermindert werden kann. Beim schichtweisen Hochführen kann die oberhalb angeordnete Bewehrung nach und nach verlegt werden, so daß für das Einbringen und Verdichten des Betons mehr Bewegungsfreiheit vorhanden ist.

## 6.21 Betonieren des Reaktorbeckens Geesthacht

Nach dem Abwägen aller Gesichtspunkte entschied man sich, das Becken des Forschungsreaktors Geesthacht in horizontalen Schichten von 1 m Höhe im Abstand von 3 bis 4 Tagen zu betonieren.

Zunächst wurde der rd. 1,10 m dicke Beckenboden betoniert (vgl. auch Abb. 15), dann die gesamte Innenschalung des Beckens errichtet, die Bestrahlungsrohre eingebaut sowie der untere Teil der Bewehrung verlegt und die äußere Schalung rd. 1 m hoch aufgestellt. Da das Reaktorbecken am Berghang liegt, wurde der Beton in Höhe des oberen Beckenrandes gemischt (750 l-Zwangsmischer), horizontal in Loren herangefahren und durch Schüttrohre abgestürzt. Abbildung 10 zeigt den unteren Teil des Reaktorbeckens (gleiche Stelle wie Abb. 2) vor dem Betonieren mit den Schüttrohren S und den Bestrahlungsrohren B.

A b b i l d u n g 10
Bewehrung und Einbauten der Reaktorwand mit innerer Beckenschalung (gleiche Stelle wie Abbildung 2; S Schüttrohre für den Beton, B Bestrahlungsrohre)

Der Beton wurde für die einzelnen Schichten durch die beweglichen Schüttrohre sowie mit Schaufeln in 3 je rd. 40 cm hohen Lagen eingebracht. Dann wurde jede Lage mit Innenrüttler (Ø 75 mm, Abstand der Eintauchstellen rd. 50 cm) verdichtet. Die Rüttelflasche tauchte beim Verdichten der oberen Lage jeweils zur Hälfte in die darunterliegende, bereits verdichtete Lage ein, um einen innigen Verbund der einzelnen Lagen zu erreichen. Wegen der günstigen Kornzusammensetzung und Konsistenz trat ein Entmischen durch ausgiebiges Rütteln nicht ein.

Für das Einbringen und Verdichten waren je zwei Arbeitskolonnen eingesetzt. Bei jeder Schicht wurde am Kopf des runden Beckens I begonnen. Die Einbringkolonnen trieben nach beiden Seiten die erste Lage in Richtung der Beckenlängsachse vor. Die zugehörige Rüttelkolonne, die mit zwei Rüttelflaschen, ∅ 75 mm, und einer Flasche, ∅ 50 mm, für enger bewehrte Stellen ausgerüstet war (zusätzlich ein Reserverüttler), folgte der Einbringkolonne in einem Abstand von mindestens 2 m, damit die Rüttler nur für das Verdichten, nicht aber für das Verteilen des Betons verwendet wurden. Nachdem die erste Lage mehrere Meter vorgestreckt war, begann der Einbau der zweiten Lage wieder am Kopf des Beckens I, so daß der Beton stets frisch auf frisch, mit einem Abstand von höchstens 3 Stunden eingebaut wurde.

### 6.22 Horizontale Einbauten

Um Spalten unter größeren, horizontalen Einbauten durch aufsteigende Luft während des Rüttelns oder durch Schrumpfen des Betons zu vermeiden, wurde ein Betonierverfahren gemäß Abbildung 11 gewählt [16], Seite 72.

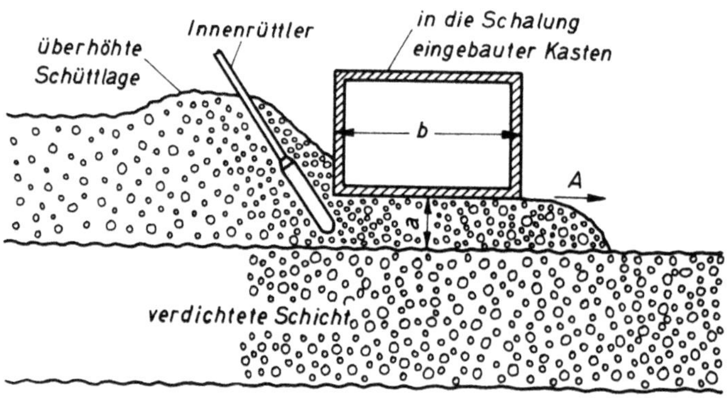


A b b i l d u n g 11
Einbringen des Betons unter größeren Einbauten

Die untere verdichtete Schicht reichte bis auf etwa 15 bis 20 cm an die Unterfläche der Einbauten heran (Abstand a in Abb. 11). Dann wurde die nächste Lage einseitig an den eingebauten Kasten und etwas überhöht geschüttet. Führte man die Rüttler dann in der überhöhten Schüttlage etwas schräg unter den Kasten, so floß der "verflüssigte", überhöhte Beton unter dem Kasten durch. Nach etwa 2 bis 3 Stunden wurde der einseitig höher anstehende Beton noch einmal nachgerüttelt, bis bei A eine größere Menge Beton hervorgequollen war. Durch dieses Nachrütteln wurde ein möglicherweise durch Schrumpfen oder durch Aufsteigen von Luft oder Wasser gebildeter Spalt unter dem Kasten beseitigt. Das Verfahren bewährte sich auch bei Breiten von Einbauten (b in Abb. 11) von über 1 m.

### 6.23 Horizontale Arbeitsfugen

Besondere Sorgfalt wurde der Ausbildung der Arbeitsfugen gewidmet, damit sie gleichmäßig dicht (wasserundurchlässig, gleiche Strahlenabsorption wie der übrige Querschnitt) sowie mit festem Verbund entstanden.

Die Lage der Fuge wurde durch die äußere Schalung bestimmt, die jeweils nur bis zur Höhe der Schicht reichte. Während des Verdichtens der obersten Lage wurde die Oberfläche so abgeglichen, daß sie ein Gefälle von 3 bis 4 cm zur Außenschalung erhielt. Auf der Oberfläche der verdichteten Schicht hatte sich eine wenige Millimeter dicke, glatte, zement- und feinstsandreiche Schlempeschicht gebildet, Abbildung 12. Nach mäßigem

A b b i l d u n g 12

Barytbeton nach Abbildung 9 beim Verdichten mit dem Innenrüttler

Erstarren des Betons - bei der herrschenden niederen Temperatur nach etwa 6 bis 8 Stunden - wurde die Schlempeschicht mit einem kräftigen Preßluft-Wasserstrahl (rd. 6 atü) aus einer Düse (Abb. 13) entfernt und

A b b i l d u n g 13
Düse für Wasser-Preßluft-Strahl zur Vorbereitung der Arbeitsfuge; (Entfernen des Feinmörtels auf der Betonierfläche nach mäßigem Erstarren des Betons)

die gröberen Zuschlagkörner freigelegt (Abb. 14). Anschließend wurde die Oberfläche mit Preßluft gereinigt und freies Wasser weggeblasen (Verhinderung einer den Verbund schwächenden Kalkhydratschicht). Bis zum Aufbringen der nächsten Schicht wurde die Fläche durch mehrmaliges, schwaches Annässen mattfeucht gehalten. Sie wurde vor dem Schütten der folgenden Lage erneut mit Preßluft abgeblasen und dann mit Zementleim (Wasserzementwert 0,45) 1 bis 2 mm dick sorgfältig eingebürstet (siehe auch [16], S. 142). Bei der Vielzahl der Einbauten und der zum Teil sehr dichten Bewehrung mußte dies mit kleinen Handbürsten ausgeführt werden. Das Einbringen einer Mörtel-Anbindeschicht, das bei Arbeitsfugen im normalen Konstruktionsbeton zweckmäßig sein kann, empfiehlt sich bei

A b b i l d u n g 14
Vorbereitete Arbeitsfuge

Reaktorbeton nicht, weil hierdurch eine strahlendurchlässigere Zwischenschicht mit geringerem Raumgewicht entsteht. Auf die so vorbereitete Fläche wurde der Beton unmittelbar in einer Lage von rd. 40 cm Höhe sorgfältig aufgebracht. In diese erste Lage wurden die Innenrüttler nicht senkrecht, sondern schräg unter einem Winkel von etwa 60° eingeführt, damit der Druck der von der Flasche ausgehenden Rüttelstöße stärker auf die Haftschicht wirkte als dies bei senkrechtem Einführen der Rüttelflasche der Fall ist (siehe [16], S. 66 und S. 142). Die Innenrüttler wurden im Abstand von etwa 50 cm eingesetzt; zusätzlich wurden die leichteren Innenrüttler (Ø 50 mm) direkt an der Schalung in Abständen von etwa 20 cm eingeführt.

Nach dem Entschalen waren bei diesem Vorgehen an den Arbeitsfugen keine Fehlstellen erkennbar.

## 6.3 Maßnahmen gegen Temperaturspannungen am Strahlenschutzschild

Zur Überprüfung der Temperaturen und Korrektur der gewählten Maßnahmen (siehe unter 6.2) wurden in jedem Betonierabschnitt Thermoelemente angeordnet; ihre Lage gibt Abbildung 15 wieder. Auch in anderen Querschnitten fanden sich Meßstellen (IV und VIII).

Der Beckenboden (Meßstelle I) wurde am 24.10.1957 betoniert; die erste Schicht der Beckenwand (Meßstellen II und III) erst am 9.12.1957, da

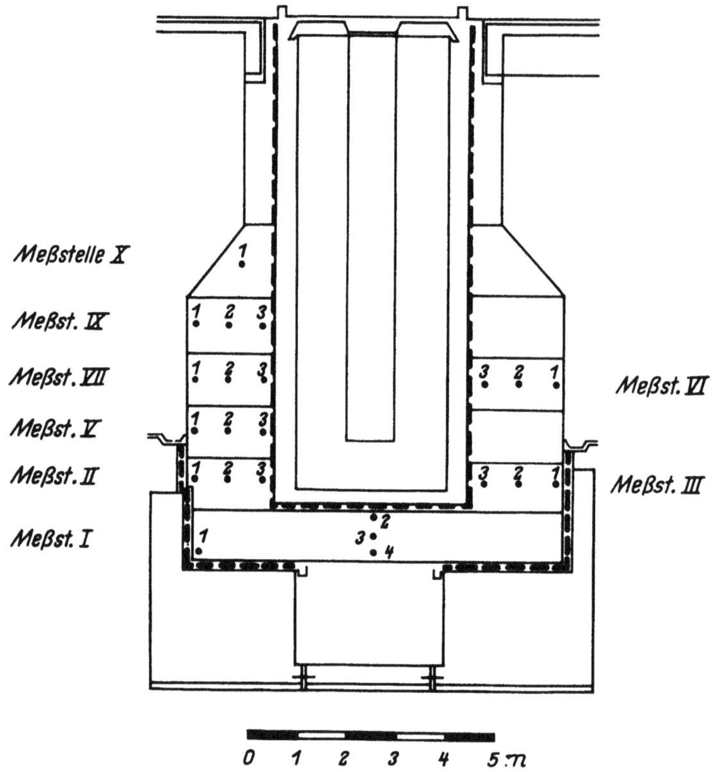


A b b i l d u n g 15
Lage der Temperaturmeßstellen (Thermoelemente)

zwischenzeitlich die Bestrahlungsrohre und andere Einrichtungen eingebaut und justiert werden mußten. Die mittlere Temperatur des Beckenbodens (Meßstelle I/3) war bis dahin auf rd. + 6 °C gesunken. Da der Beton der aufgehenden Beckenwände durch die freiwerdende Hydratationswärme demgegenüber bei höherer Temperatur erhärten würde, waren bei der anschließenden Abkühlung der Beckenwände Spaltrisse in den Wänden zu befürchten. Daher wurde der gesamte Beckenboden erwärmt, indem die Kammer unter dem Beckenboden 10 Tage vor Betonierbeginn durch Ölöfen langsam aufgeheizt wurde. Hierdurch stieg die mittlere Temperatur der Bodenplatte bis Betonierbeginn der Wand von + 6 °C auf + 14 °C; sie erreichte während der beiden ersten Tage nach dem Betonieren + 16 °C.

Die Meßstellen I/2, I/3 und I/4 zeigten an, daß das Aufheizen nahezu gleichmäßig über dem gesamten Plattenquerschnitt erfolgte, so daß auch im Beckenboden kein großes Temperaturgefälle entstand. Da die Temperatur im unteren Teil der Beckenwand, abgesehen von einigen kurzzeitigen Spitzen, bei + 12 bis + 18 °C lag (Abb. 16), wurden durch diese Maßnahme (Aufheizen der Bodenplatte und schichtweises Betonieren) größere Zwängspannungen und möglicherweise Spaltrisse im unteren Teil der Beckenwand vermieden.

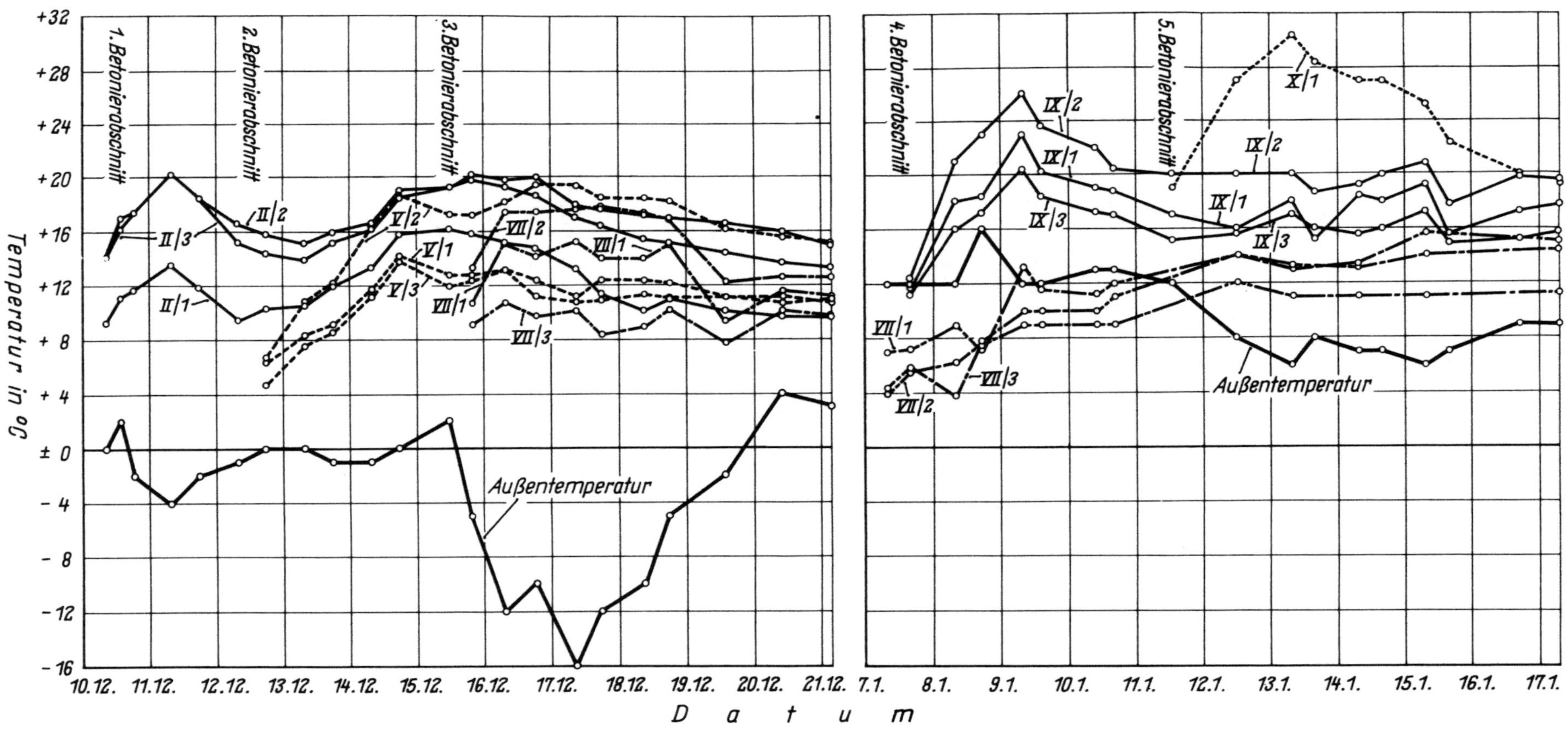


A b b i l d u n g 16

Temperatur in den einzelnen Betonierschichten

(Bezeichnung und Lage der Meßstellen siehe Abb. 15)

Die Temperaturentwicklung der aufeinander folgenden, horizontalen Betonierschichten geht aus Abbildung 16 hervor. Die erste, 1,05 m dicke Schicht (Meßstelle II) wurde am 9.12. betoniert; die Temperatur des frisch eingebrachten Betons lag bei + 9 °C (Frischbetontemperaturen sind in Abb. 16 nicht eingetragen). Nach rd. 2 Tagen erreichte der Kern der Wand das Temperaturmaximum von + 20 °C (Meßstellen II/2 und II/3), dann nahm die Temperatur bereits wieder ab. Drei Tage nach dem Einbau der ersten Schicht wurde die zweite Schicht (Meßstelle V) mit einer Frischbetontemperatur von rd. + 6 °C aufgebracht. Die Temperatur stieg in rd. 2 1/2 Tagen auf + 19 °C und hob auch die bereits abklingende Temperatur der ersten Schicht bis auf diesen Wert wieder an, so daß beide Schichten etwa gleiche Temperatur erreichten. Ähnliche Temperaturverhältnisse stellten sich beim Betonieren der dritten Schicht ein. Drei Tage nach dem Betonieren dieser Schicht lagen alle Kerntemperaturen der bereits über 3 m hohen Wand zwischen + 17 und + 19 °C. Durch das schichtweise Betonieren konnte also zuverlässig erreicht werden, daß die Temperatur der wachsenden Wand fortlaufend in engen Grenzen gehalten wurde. Wesentlich war dabei, daß die nachfolgende Schicht immer erst aufgebracht wurde, nachdem die Temperatur der vorangegangenen Schicht schon wieder abgeklungen war. (Allgemein liegt dieser Zeitpunkt je nach Dicke der Schicht, Außentemperatur, Frischbetontemperatur, Zementart und -gehalt sowie Schalung etwa 3 bis 7 Tage nach Betonierbeginn. Zweckmäßig wird auch die Frischbetontemperatur kleiner eingestellt als die der unteren Schicht; siehe auch linker Teil der Abbildung 16.)

Durch die Weihnachtsfeiertage und den plötzlichen, starken Frosteinbruch am 16.12.1957 konnte in der für die vorliegenden Verhältnisse günstigen Schichtfolge von 3 bis 4 Tagen nicht weiterbetoniert werden. Die im Rohbau weitgehend fertiggestellte Reaktorhalle wurde abgedichtet und beheizt. (Der in Abbildung 16 eingezeichnete Verlauf der "Außentemperatur" gilt bis zum 21.12. für die Außenluft, ab 7.1. für die Luft der beheizten Reaktorhalle.) Die Frischbetontemperaturen der vierten und vor allem der fünften Schicht (Meßstellen IX und X) lagen höher als die Temperatur des eingebauten, bereits erhärteten Betons. Dadurch und durch die Beheizung der Halle wurden höhere Temperaturen erhalten als in den drei ersten Schichten. Bei der fünften Schicht (X) ist zudem zu berücksichtigen, daß sie aus einem Übergangsbeton mit weniger Baryt (Raumgewicht rd. 3,00 kg/dm$^3$) bestand, also eine kleinere spezifische Wärme aufwies.

Durch Betonieren in nicht zu hohen Schichten entsteht unter sonst gleichen Verhältnissen auch kein so großes Temperaturgefälle vom Kern zu den äußeren Flächen der Wand. Im vorliegenden Falle wirkten auch die dämmende Holzschalung und das Aufheizen der Reaktorhalle in gleichem Sinne mindernd. Abbildung 17 gibt die Temperaturverteilung über den Querschnitt für die Höchsttemperatur der einzelnen Schichten wieder. Die Temperaturunterschiede waren gering und erreichten auf einer Entfernung von rd. 80 cm nur in zwei Fällen (II und VII) 6,5 und 9,5 °C, sonst rd. 5 °C und weniger.

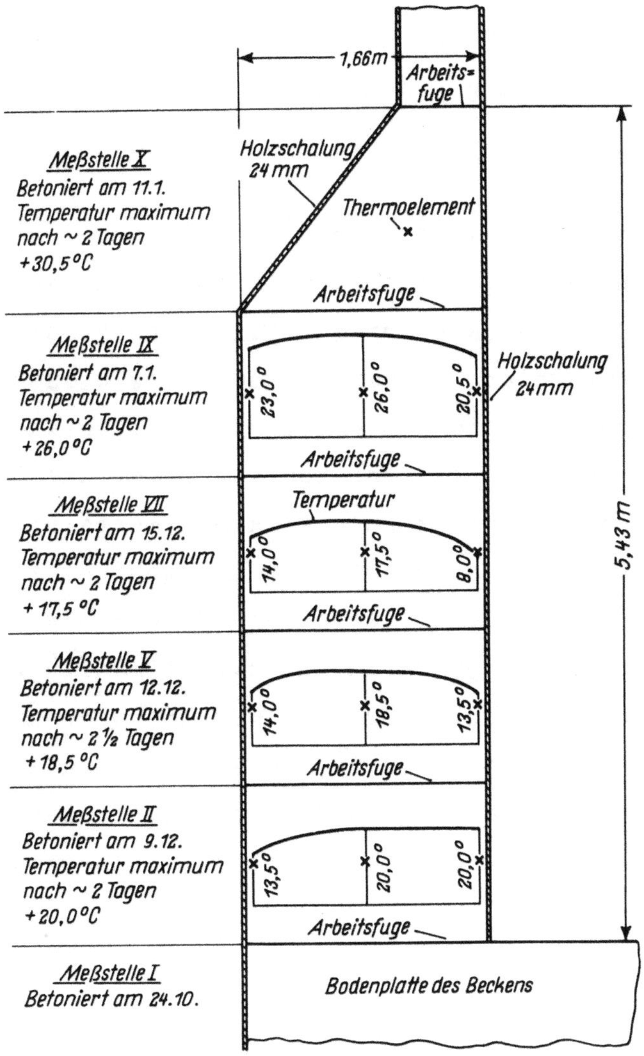


A b b i l d u n g 17

Höchsttemperaturen der einzelnen Betonierschichten der Wand

## 6.4 Nachbehandlung

Trocknet noch nicht voll hydratisierter Beton aus, so hört die weitere chemische Wasserbindung (Hydratation) auf. Da der Beton beim Austrocknen schwindet, können bei raschem Wasserverlust Spannungen und dadurch Risse entstehen. Um den für die Neutronenabsorption wichtigen Gehalt an chemisch gebundenem Wasser zu erhöhen, ist der Beton daher möglichst lange (mindestens 4 Wochen) gegen Austrocknen zu schützen. (Auf keinen Fall soll der junge Beton jedoch ständig mit kaltem Wasser berieselt werden, da dann die Außenflächen stark abkühlen und größere Temperaturspannungen entstehen.) Zweckmäßig bleibt der Beton - wie in Geesthacht - lange in der Schalung stehen. Auch anschließend soll dann nur langsames Austrocknen einsetzen.

Unmittelbar nach dem Ausschalen wurde daher in Geesthacht die äußere Beckenwand mit einer Teeremulsion gestrichen (später wurde hierauf ein zweiter heller Anstrich aufgebracht).

### 6.5 Güteüberwachung

Die Güteüberwachung des Reaktorbeckens in Geesthacht erstreckte sich an der Mischmaschine auf die Überprüfung des Wassergehalts der Zuschlagstoffe (Karbid-Gerät), der Konsistenz (Eindringmaß, stündlich) und der Wasser- und Betontemperatur. An der Einbaustelle wurde stündlich das Raumgewicht in 20-cm-Würfelformen bestimmt. Hiervon wurden 3 Würfel (morgens, mittags, nachmittags) zur Raumgewichts- und Druckfestigkeitsprüfung nach 28 Tagen herangezogen; die Einzelwerte sind in Tabelle 6 zusammengestellt. Hiernach schwankte das Raumgewicht zwischen 3,31 und 3,61 kg/dm$^3$, die Druckfestigkeit zwischen 185 und 379 kg/cm$^2$. Die gegenüber der Eignungsprüfung (355 kg/cm$^2$ Druckfestigkeit) zum Teil wesentlich geringere Druckfestigkeit wird auf die überwiegend niedere Lagerungstemperatur der Würfel und zu frühes Austrocknen zurückgeführt. Das Raumgewicht lag stets über den geforderten 3,30 kg/dm$^3$. (Dazu kann allerdings nicht angegeben werden, wie hoch der Wassergehalt des Betons bei der Prüfung war.)

## 7. Zusammenfassung

Dem Bericht liegen Überlegungen, Untersuchungen und praktische Maßnahmen zugrunde, die für den Bau des Strahlenschutzschildes des Forschungsreaktors Geesthacht (1957 und 1958) angestellt bzw. vorgeschlagen wurden. Neben den besonderen Erfordernissen für diesen Reaktor wurden die für Beton als Strahlenschutz grundsätzlich geltenden Bedingungen umrissen. Allgemein wird daraus folgendes hervorgehoben.

T a b e l l e 6

Raumgewicht und Druckfestigkeit des Barytbetons im Forschungsreaktor Geesthacht nach 28 Tagen (20 cm-Würfel)

| Tag der Herstellung | Bauteil | Raumgewicht [kg/dm³] | Druckfestigkeit [kg/cm²] |
|---|---|---|---|
| 9.12.57 | Becken, 1. Schicht | 3,39 | 322 |
| 9.12.57 | Becken, 1. Schicht | 3,36 | 379 |
| 9.12.57 | Becken, 1. Schicht | 3,31 | 296 |
| 12.12.57 | Becken, 2. Schicht | 3,33 | 215 |
| 12.12.57 | Becken, 2. Schicht | 3,51 | 185 |
| 12.12.57 | Becken, 2. Schicht | 3,34 | 207 |
| 15.12.57 | Becken, 3. Schicht | 3,55 | 218 |
| 15.12.57 | Becken, 3. Schicht | 3,61 | 237 |
| 15.12.57 | Becken, 3. Schicht | 3,53 | 239 |
| 7.1.58 | Becken, 4. Schicht | 3,63 | 250 |
| 7.1.58 | Becken, 4. Schicht | 3,56 | 192 |
| 7.1.58 | Becken, 4. Schicht | 3,54 | 220 |
| 17.3.58 | Bestrahlungskanal | 3,53 | 284 |
| 17.3.58 | Bestrahlungskanal | 3,53 | 277 |
| 17.3.58 | Bestrahlungskanal | 3,53 | 266 |
| | Mittel | 3,48 | 252 |

## 7.1 Anforderungen an Strahlenschutzbeton

Der Beton muß eine bestimmte, meist nur mäßige Festigkeit aufweisen und die auftretenden Kernstrahlen an jeder Stelle der Schutzwand gleichmäßig abschwächen. Durch zweckentsprechende Wahl der Zuschlagstoffe, der Betonzusammensetzung und des Einbauverfahrens lassen sich diese Forderungen erfüllen.

## 7.2 Baustoffe

Für Strahlenschutzbeton eignen sich alle Arten Normenzement. Günstig sind Zemente mit niederer Hydratationswärme, die einen zähklebrigen und wenig schrumpfenden Zementleim liefern. Die Entwicklung von Spezialzementen erscheint nicht nötig, da die ihnen zugedachte Wirkung einfacher und wirtschaftlicher durch Zuschlagstoffe erreicht werden kann.

Im wesentlichen sind es die Zuschlagstoffe, die die Kernstrahlung schwächen; sie unterscheiden sich stark in ihrer Wirksamkeit. Besonders wirksam gegen $\gamma$-Strahlen sind Zuschlagstoffe mit hohem Gesteinsraumgewicht (z.B. Baryt, Eisenerz und Eisen). Um gegen die energiereichen Neutronenstrahlen zu schützen, sind Stoffe mit schweren Atomkernen und mit leichten Atomkernen (Wasserstoff) nötig. Das Einfangen thermischer Neutronen kann durch Zusätze (z.B. Borverbindungen) wesentlich verbessert werden.

Das Zuschlaggestein muß eine bestimmte Festigkeit aufweisen (Gesteinsdruckfestigkeit mindestens etwa 800 $kg/cm^2$); es darf keine zementschädlichen Stoffe enthalten und soll sich wirtschaftlich aufbereiten lassen. Die Eigenschaften des Zuschlaggesteins und seine Aufbereitung sind laufend zu überwachen.

## 7.3 Aufbau des Strahlenschutzbetons

Die geforderte Festigkeit wird wie beim üblichen Konstruktionsbeton unter Berücksichtigung der Normenfestigkeit des Zements durch eine Begrenzung des Wasserzementwerts gewährleistet. Über die Stoffraumrechnung kann das für ein hohes Raumgewicht des Betons erforderliche Mindest-Gesteinsraumgewicht ermittelt werden. Für den vollständig hydratisierten, in Raumluft ausgetrockneten Beton kann ein Wassergehalt von 80 bis 90 kg je $m^3$ Beton vorausgesetzt werden. (Chemisch gebundenes Wasser und Ausgleichsfeuchtigkeit.)

Durch zweckentsprechenden Kornaufbau und möglichst steife Konsistenz muß einem Entmischen und Schrumpfen (Wasserabsondern des Betons) entgegengewirkt werden. Bei Ausgußbeton sollte das Kleinstkorn des vorgepackten Gesteinsgerüstes 20 mm, besser 30 mm nicht unterschreiten. Der Ausgußmörtel muß ausreichend fließfähig sein; er soll sich möglichst wenig absetzen.

## 7.4 Einbau von Strahlenschutzbeton

Der wie üblich gemischte Beton kann in einem Zuge oder in Schichten mit größerem Zeitabstand eingebaut werden. Beim Betonieren in einem Zuge entfallen die Arbeitsfugen, die eine besondere Behandlung verlangen. Der Beton ist in gleichmäßigen Lagen von höchstens 40 cm zu schütten und mit Innenrüttlern besonders sorgfältig zu verdichten. Größere, horizontale Einbauten erfordern zum satten Einbetonieren ein besonders Vorgehen.

Das Gestein des Ausgußbetons soll staubfrei, feucht und sehr gleichmäßig eingebaut werden. Der Ausgußmörtel darf nicht zu schnell verpreßt werden (Steiggeschwindigkeit etwa 50 cm/h; Rohrabstand rd. 1 m).

## 7.5 Temperaturentwicklung, Nachbehandlung und Güteüberwachung

Bei schichtweisem Einbau des Betons bleibt die mittlere Temperatur im ganzen niedriger, weil ein Teil der in der unteren Schicht entwickelten Hydratationswärme abfließen kann, bevor die folgende Schicht wieder aufheizt. Durch Überwachung der Temperaturen im Bauteil kann die zeitliche Folge der Betonierschichten zweckentsprechend festgelegt werden.

Der Beton ist wenigstens 4 Wochen lang gegen Austrocknen zu schützen, damit der Zement möglichst viel Wasser chemisch bindet. Auch anschließend soll der Beton das überschüssige Wasser nur langsam abgeben.

Während der Bauausführung sind Konsistenz, Frischbetontemperatur, Wassergehalt, Druckfestigkeit und vor allem das Frischbetonraumgewicht laufend zu überwachen.

Prof. Dr.-Ing. habil. Kurz Walz

Dr.-Ing. Gerd Wischers

## Literaturverzeichnis


[ 1] JUNKERMANN, W. Forschungsreaktor Geesthacht. die atomwirtschaft 2 (1957) H. 7/8, S. 233-238

[ 2] BAGGE, E. Das Reaktorprojekt Geesthacht. Atomkernenergie 3 (1958) H. 5, S. 169-175

[ 3] WISCHERS, G. Beton im Reaktorbau. Die Bauwirtschaft 12 (1958) H. 1, S. 11-13

Rockwell III, Th. Reaktor shielding design manual. MacGraw-Hill Book Company, Inc., New York 1956

[ 4] MÜNZINGER, F. Atomkraft, der Bau von Atomkraftwerken und seine Probleme. 2. Aufl. Springer Verlag, Berlin, Göttingen, Heidelberg 1957

MIALKI, W. Kernverfahrenstechnik - Eine Einführung für Ingenieure. Springer Verlag, Berlin, Göttingen, Heidelberg 1958

JAEGER, Th. Technischer Strahlenschutz. Karl Thiemig Verlag, München 1959

[ 5] DAVIS, H.S. High-density concrete for shielding atomic energy plants. Proceed. Amer. Concr. Inst. 29 (1958) H 11, S. 965-977

[ 6] CALLAN, E.J. Concrete for radiation shielding. Proceed. Amer. Concr. Inst. 50 (1953) H. 1, S. 17-44

[ 7] BRANISKI, A. Barium- und Strontium-Zemente. Zement-Kalk-Gips 10 (1957) H. 5, S. 176-184

[ 8] **HAMPE, B.** Temperaturschäden im Beton und Maßnahmen zu ihrer Verhütung.
Der Bauingenieur 33 (1958) H. 1, S. 6-10

[ 9] Einpreßmörtel für Spannbeton, Vorläufige Richtlinien für das Einpressen von Zementmörtel in Spannkanäle, Fassung Juli 1957.
Beton- und Stahlbetonbau 53 (1957), H. 12, S. 292-294

[10] **SEETZEN, J.** Technologie der Abschirmbetone.
Werner Verlag, Düsseldorf 1960

[11] **WALZ, K.** Anleitung für die Zusammensetzung und Herstellung von Beton mit bestimmten Eigenschaften.
Verlag Wilh. Ernst & Sohn, Berlin 1958

[12] **KLUGE, F.** Vorausbestimmung der Wassermenge bei Betonmischungen für bestimmte Betongüten und Frischbetonkonsistenzen.
Der Bauingenieur 24 (1949) H. 6, S. 172-175

[13] **WALZ, K.** Wie werden betontechnische Erkenntnisse für das Bauen nutzbar gemacht?
beton 10 (1960) H. 10, S. 483-490

[14] **WALZ, K.** Undurchlässiger Beton.
Bautechnik-Archiv, H. 13, Verlag Wilh. Ernst & Sohn, Berlin 1956

[15] **BAUER, A.** und **J. SEETZEN** Der Abschirmbeton des Karlsruher Forschungsreaktors FR 2.
Beton- und Stahlbetonbau 54 (1959) H. 12, S. 281-293

[16] **WALZ, K.** Rüttelbeton.
3. Aufl., Verlag Wilh. Ernst & Sohn, Berlin 1960

# FORSCHUNGSBERICHTE DES LANDES NORDRHEIN-WESTFALEN

Herausgegeben
im Auftrage des Ministerpräsidenten Dr. Franz Meyers
von Staatssekretär Professor Dr. h. c., Dr. E. h. Leo Brandt

## BAU · STEINE · ERDEN

HEFT 36
*Forschungsinstitut der Feuerfest-Industrie, Bonn*
Untersuchungen über die Trocknung von Rohton, Untersuchungen über die chemische Reinigung von Silika- und Schamotte-Rohstoffen mit chlorhaltigen Gasen
*1953, 60 Seiten, 5 Abb., 5 Tabellen, DM 11,—*

HEFT 37
*Forschungsinstitut für Feuerfest-Industrie, Bonn*
Untersuchungen über den Einfluß der Probenvorbereitung auf die Kaltdruckfestigkeit feuerfester Steine
*1953, 40 Seiten, 2 Abb., 5 Tabellen, DM 7,80*

HEFT 59
*Forschungsinstitut für Feuerfest-Industrie, Bonn*
Ein Schnellanalysenverfahren zur Bestimmung von Aluminiumoxyd, Eisenoxyd und Titanoxyd in feuerfestem Material mittels organischer Farbreagenzien auf photometrischem Wege
Untersuchungen des Alkali-Gehaltes feuerfester Stoffe mit dem Flammenphotometer nach Riehm-Lange
*1954, 52 Seiten, 12 Abb., 3 Tabellen, DM 11,60*

HEFT 76
*Max-Planck-Institut für Arbeitsphysiologie, Dortmund*
Arbeitstechnische und arbeitsphysiologische Rationalisierung von Mauersteinen
*1954, 52 Seiten, 12 Abb., 3 Tabellen, DM 10,20*

HEFT 81
*Prüf- und Forschungsinstitut für Ziegeleierzeugnisse, Essen-Kray*
Die Einführung des großformatigen Einheits-Gitterziegels im Lande Nordrhein-Westfalen
*1954, 54 Seiten, 2 Abb., 2 Tabellen, DM 10,—*

HEFT 90
*Forschungsinstitut der Feuerfest-Industrie, Bonn*
Das Verhalten von Silikasteinen im Siemens-Martin-Ofengewölbe
*1954, 62 Seiten, 15 Abb., 11 Tabellen, DM 11,90*

HEFT 91
*Forschungsinstitut der Feuerfest-Industrie, Bonn*
Untersuchungen des Zusammenhangs zwischen Leistung und Kohlenverbrauch von Kammeröfen zum Brennen von feuerfesten Materialien
*1954, 42 Seiten, 6 Abb., DM 8,30*

HEFT 106
*ORR. Dr.-Ing. W. Küch, Dortmund*
Untersuchungen über die Einwirkung von feuchtigkeitsgesättigter Luft auf die Festigkeit von Leimverbindungen
*1954, 60 Seiten, 10 Abb., 6 Tabellen, DM 11,40*

HEFT 111
*Fachverband Steinzeugindustrie, Köln*
Die Entwicklung eines Gerätes zur Beschickung seitlicher Feuer von Steinzeug-Einzelkammeröfen mit festen Brennstoffen
*1955, 46 Seiten, 16 Abb., DM 9,40*

HEFT 127
*Güteschutz Betonstein e. V., Arbeitskreis Nordrhein-Westfalen, Dortmund*
Die Betonwaren-Gütesicherung im Lande Nordrhein-Westfalen
*1955, 58 Seiten, 15 Abb., 3 Tabellen, DM 11,50*

HEFT 142
*Dipl.-Ing. G. M. F. Wiebel, Hannover, A. Konermann und A. Ottenheym, Sennelager*
Entwicklung eines Kalksandleichtsteines
*1955, 38 Seiten, 4 Abb., DM 8,—*

HEFT 149
*Dr.-Ing. K. Konopicky und Dipl.-Chem. P. Kampa, Bonn*
I. Beitrag zur flammenphotometrischen Bestimmung des Calciums
*Dr.-Ing. K. Konopicky, Bonn*
II. Die Wanderung von Schlackenbestandteilen in feuerfesten Baustoffen
*1955, 54 Seiten, 10 Abb., 5 Tabellen, DM 11,—*

HEFT 180
*Dr.-Ing. W. Piepenburg, Dipl.-Ing. B. Bühling und Bau-Ing. J. Behnke, Köln*
Putzarbeiten im Hochbau und Versuche mit aktiviertem Mörtel und mechanischem Mörtelauftrag
*1955, 116 Seiten, 31 Abb., 68 Tabellen, DM 23,—*

HEFT 213
*Dipl.-Ing. K. F. Rittinghaus, Aachen*
Zusammenstellung eines Meßwagens für Bau- und Raumakustik
*1957, 96 Seiten, 17 Abb., 7 Tabellen, DM 19,80*

HEFT 223
*Dr.-Ing. K. Alberti und*
*Doz. Dr. phil. habil. F. Schwarz, Köln*
Über das Problem Hartbrand-Weichbrand
*1956, 54 Seiten, 25 Abb., 14 Tabellen, DM 12,10*

HEFT 231
*ORR. Dr.-Ing. W. Küch, Dortmund*
Über die Wechselwirkung zwischen Holzschutzbehandlung und Verleimung
*1956, 48 Seiten, 10 Abb., 8 Tabellen, DM 10,40*

HEFT 250
*Doz. Dr. phil. habil. F. Schwarz und*
*Dr.-Ing. K. Alberti, Köln*
Entwicklung von Untersuchungsverfahren zur Gütebeurteilung von Industriekalken
*1956, 36 Seiten, 9 Abb., 4 Tabellen, DM 16,50*

HEFT 266
*Fliesen-Beratungsstelle Bad Godesberg-Mehlem*
Güteeigenschaften keramischer Wand- und Bodenfliesen und deren Prüfmethoden
*1956, 32 Seiten, DM 7,10*

HEFT 319
*Prof. Dr. C. Kröger, Aachen*
Gemengereaktionen und Glasschmelze
*1957, 118 Seiten, 53 Abb., 16 Tabellen, DM 26,—*

HEFT 370
*Dr. phil. habil. F. Schwarz, Köln*
Physikochemische Grundlagen der Bildsamkeit von Kalken unter Einbeziehung des Begriffes der aktiven Oberfläche
*1958, 90 Seiten, 14 Abb., 16 Tabellen, 36 Titrationen DM 25,10*

HEFT 398
*Prof. Dr. habil. H. E. Schwiete und*
*Dipl.-Ing. G. Geisdorf, Aachen*
Einlagerungsversuche an synthetischem Mullit I
*Prof. Dr. habil. H. E. Schwiete,*
*A. K. Bose und Dr. phil. H. Müller-Hesse, Aachen*
Die Zusammensetzung der Schmelzphase in Schamottesteinen I
*1957, 58 Seiten, 17 Abb., 17 Tabellen, DM 14,50*

HEFT 399
*Prof. Dr. habil. H. E. Schwiete und*
*Dr.-Ing. R. Vinkeloe, Aachen*
Möglichkeiten der quantitativen Mineralanalyse mit dem Zählrohrgerät unter besonderer Berücksichtigung der Mineralgehaltsbestimmung von Tonen
*1958, 102 Seiten, 34 Abb., 1 Tabelle, DM 26,70*

HEFT 402
*Prof. Dr. habil. W. Linke, Aachen*
Die Wärmeübertragung durch Thermopane-Fenster
*1958, 30 Seiten, 17 Abb., 2 Tabellen, DM 10,80*

HEFT 430
*Prof. Dr. G. Garbotz, Aachen, und Dr.-Ing. G. Dress, Cadiz*
Untersuchungen über das Kräftespiel an Flachbagger-Schneidwerkzeugen in Mittelsand und schwach bindigem, sandigem Schluff unter besonderer Berücksichtigung der Planierschilde und ebenen Schürfkübelschneiden
*1958, 142 Seiten, 81 Abb., DM 37,50*

HEFT 453
*Forschungsinstitut der Feuerfest-Industrie, Bonn*
Die Arbeiten der technisch-wissenschaftlichen Kommission der PRE (Vereinigung der europäischen Feuerfest-Industrie)
*1957, 62 Seiten, 9 Abb., 18 Tabellen, DM 14,75*

HEFT 454
*Dr.-Ing. W. Piepenburg, Dipl.-Ing. B. Bühling und Bauing. J. Behnke, Köln*
Haftfestigkeit der Putzmörtel
*1958, 130 Seiten, 6 Abb., 63 Tabellen, DM 28,30*

HEFT 482
*Dipl.-Ing. R. Pels-Leusden und*
*Dr. K. Bergmann, Essen*
Die Frostbeständigkeit von Ziegeln; Einflüsse der Materialzusammensetzung und des Brandes
*1958, 70 Seiten, 31 Abb., 5 Tabellen, DM 20,45*

HEFT 484
*Prof. Dr. phil. habil. H. E. Schwiete und*
*Dr. G. Franzen, Aachen*
Beitrag zur Struktur des Montmorillonit
*1958, 76 Seiten, 23 Abb., DM 22,—*

HEFT 488
*Prof. Dr. phil. habil. H. E. Schwiete, Aachen, und Dipl.-Chem. H. Westmark, Recklinghausen*
Beitrag zur Kennzeichnung der Texturen von Schamottesteinen
*1958, 48 Seiten, 34 Abb., 7 Tabellen, DM 16,80*

HEFT 528
*Dipl.-Chem. Dr. P. Ney, Köln*
Physikochemische Grundlagen der Bildsamkeit von Kalken unter Einbeziehung des Begriffs der aktiven Oberfläche
*Dr. F. Schwarz, Köln*
Kristallchemische Betrachtung der Bildsamkeit
*1958, 96 Seiten, 34 Abb., 6 Tabellen, DM 26,75*

HEFT 543
*Prof. Dr. phil. habil. H. E. Schwiete, Dr. phil. H. Müller-Hesse und Dipl.-Ing. G. Gelsdorf, Aachen*
Einlagerungsversuche an synthetischem Mullit Teil II
*1958, 28 Seiten, 5 Abb., 10 Tabellen, DM 10,—*

HEFT 544
*Prof. Dr. phil. habil. H. E. Schwiete, Dr.-Ing. A. K. Bose und Dr. phil. H. Müller-Hesse, Aachen*
Die Schmelzphase in Schamottesteinen. Teil II
*1958, 30 Seiten, 9 Abb., 12 Tabellen, DM 11,—*

HEFT 545
*Prof. Dr. phil. habil. H. E. Schwiete, Dr. rer. nat. G. Ziegler und Dipl.-Ing. Ch. Kliesch, Aachen*
Thermochemische Untersuchungen über die Dehydration des Montmorillonits
*1958, 48 Seiten, 16 Abb., 4 Tabellen, DM 15,40*

HEFT 553
*Prof. Dr. rer. pol. G. Garbotz und Dipl.-Ing. J. Theiner, Aachen*
Untersuchungen der Walzverdichtungsvorgänge auf Lößlehm, Kies und Schotter
*1959, 286 Seiten, 208 Abb., DM 58,—*

HEFT 559
*Prof. Dr. phil. habil. H. E. Schwiete und Dipl.-Chem. R. Gauglitz, Aachen*
Die Verflüssigung von Montmorillonitschlämmen
*1958, 66 Seiten, 15 Abb., 5 Tabellen, DM 19,30*

HEFT 634
*Institut für Ziegelforschung Essen e. V., Essen-Kray*
Verminderung der Streuungen, der Festigkeit und der Sprödigkeit von Ziegeln
*1958, 94 Seiten, 36 Abb., 18 Tabellen, DM 24,30*

HEFT 643
*Max-Planck-Institut für Silikatforschung, Würzburg*
Spannungsmessungen an Schleifkörpern
*1958, 38 Seiten, 22 Abb., DM 11,70*

HEFT 651
*Dr.-Ing. A. Eisenberg, Dortmund*
Versuche zur Körperschalldämmung in Gebäuden
*1958, 26 Seiten, 20 Abb., DM 8,10*

HEFT 688
*Prof. Dr. H.-E. Schwiete und Dipl.-Ing. A. Schüffler, Aachen*
Entwicklung einer elektrisch beheizten Apparatur zur Messung von Wärmeleitfähigkeiten feuerfester Materialien bei hohen Temperaturen
*1959, 42 Seiten, 16 Abb., DM 11,60*

HEFT 689
*Prof. Dr. H.-E. Schwiete und Dipl.-Chem. H. Westmark, Aachen*
Die Wärmeleitfähigkeit feuerfester Steine im Spiegel der Literatur
*1959, 54 Seiten, 35 Abb., DM 16,30*

HEFT 695
*Dr.-Ing. W. Herding, München*
Die Fahrdynamik und das Arbeitsspiel gleisloser Erdbaugeräte als Kalkulationsgrundlage für die Bodenförderung und ihre Kosten
*1960, 178 Seiten, 89 Abb., 18 Tabellen, DM 49,—*

HEFT 711
*Dr.-Ing. K. Alberti, Köln*
Einfluß der chemischen Zusammensetzung des Anmachewassers auf die Festigkeit von Kalkmörteln
*1959, 50 Seiten, 4 Abb., 20 Tabellen, DM 13,10*

HEFT 713
*Dr.-Ing. E. Menzenbach, Aachen*
Die Anwendbarkeit von Sonden zur Prüfung der Festigkeitseigenschaften des Baugrundes
*1959, 216 Seiten, 190 Abb., 24 Tabellen, DM 52,—*

HEFT 734
*Dipl.-Ing. H. Adam, Hannover*
Arbeitstechnische und arbeitsphysiologische Untersuchungen zur Erleichterung der Maurerarbeit
*1959, 56 Seiten, 15 Abb., mehr. Tabellen, DM 15,60*

HEFT 843
*Dipl.-Chem. W. Schmidt, Dipl.-Chem. E. Köhler und Dipl.-Ing. W. Schmidt, Bonn*
Flammenspektrometrische Alkalibestimmung im Korund
*1960, 13 Seiten, 2 Abb., 1 Tabelle, DM 5,50*

HEFT 844
*Prof. Dr.-Ing. O. Kienzle und Dipl.-Ing. K. Greiner, Hannover*
Festigkeitsuntersuchungen an Klebverbindungen zwischen Schleif- und Tragkörpern
*1960, 125 Seiten, 48 Abb., 10 Tabellen, 20 Anlagen, DM 35,—*

HEFT 859
*Prof. Dr. habil. H.-E. Schwiete und Dr.-Ing. R. Baur, Aachen*
Hydrothermalsynthese und Strukturuntersuchung an synthetischem Montmorillonit
*1960, 104 Seiten, 44 Abb., 29 Tabellen, DM 28,70*

HEFT 903
*Prof. Dr.-Ing. Renfert †, Baurat Dipl.-Ing. K. Heisig und Dipl.-Ing. J. Thelen, Lehrstuhl für Straßenbau der Technischen Hochschule Aachen*
Untersuchungen über Bodenverfestigung des Untergrunds zur Feststellung der technischen und wirtschaftlichen Auswirkungen auf den Unterbau bzw. auf die Straßenbetonfahrbahnplatten sowie Untersuchungen flexibler Deckenkonstruktionen auf verschiedenen Unterbauarten
*1960, 136 Seiten, 6 Abb., 14 Tabellen, DM 39,10*

HEFT 910
*Prof. Dr.-Ing. habil. K. Walz, Forschungsinstitut der Zementindustrie, Düsseldorf*
Der Einfluß einer Wärmebehandlung auf die Festigkeit von Beton aus verschiedenen Zementen
*1960, 40 Seiten, 17 Abb., 5 Tabellen, DM 12,60*

HEFT 921
*Dr.-Ing. Kamillo Konopicky und cand. phys. Karl Wohlleben, Forschungsinstitut der Feuerfest-Industrie, Bonn*
Untersuchungen zum Gang des Torsionsmoduls mit der Temperatur an Wannensteinen
*1960, 24 Seiten, 10 Abb., 4 Tabellen, DM 8,40*

HEFT 948
*Prof. Dr. habil. H.-E. Schwiete und Dipl.-Ing. Udo Ludwig, Institut für Gesteinshüttenkunde der Technischen Hochschule Aachen*
Der Tuff, seine Entstehung und Konstitution und seine Verwendung im Baugewerbe
*1961, 68 Seiten, 8 Abb., 20 Tabellen, DM 18,80*

HEFT 956
*Prof. Dr. habil. H.-E. Schwiete, u. a., Institut für Gesteinshüttenkunde der Technischen Hochschule Aachen*
Die Konstitution einiger rheinischer und bayrischer Trasse
*1961, 44 Seiten, 17 Abb., 14 Tabellen, DM 13,40*

HEFT 965
*Prof. Dr.-Ing. H. Opitz und Dipl.-Ing. H. Frank, Laboratorium für Werkzeugmaschinen und Betriebslehre an der Technischen Hochschule Aachen*
Richtwerte für das Außenrundschleifen
*1961, 78 Seiten, 49 Abb., 4 Tabellen DM 23,20*

HEFT 977
*Dr.-Ing. Gottfried Kronenberger, Institut für Baumaschinen und Baubetrieb der Technischen Hochschule Aachen*
Verdichtungswirkung und Arbeitsverhalten eines Einmassenrüttlers auf Schotter und Kiessand zur Ermittlung der maßgeblichen Einflußgrößen bei der Rüttelverdichtung
*1961, 96 Seiten, 17 Tafeln, 7 Tab., 36 Abb., DM 27,70*

HEFT 995
*Prof. Dr.-Ing. H. Reiher und Dr. phil. D. von Soden, Institut für technische Physik der Frauenhofer-Gesellschaft, Stuttgart*
Einfluß von Erschütterungen auf Gebäude
*1961, 46 Seiten, 11 Abb., DM 13,90*

HEFT 978
*Prof. Dr. H.-E. Schwiete und Dipl.-Ing. Udo Ludwig, Institut für Gesteinshüttenkunde der Technischen Hochschule Aachen*
Das Verhalten von rheinischem und bayrischem Trass in hydraulischen Bindemitteln

HEFT 979
*Prof. Dr. H.-E. Schwiete und Dipl.-Ing. Udo Ludwig, Institut für Gesteinshüttenkunde der Technischen Hochschule Aachen*
Die Bindung des freien Kalkes und die bei den Trass-Kalk-Reaktionen entstehenden Neubildungen
*1961, 59 Seiten, 18 Abb., 13 Tabellen DM 18,—*

HEFT 998
*Prof. Dr. H.-E. Schwiete u. a., Institut für Gesteinshüttenkunde der Technischen Hochschule Aachen*
Untersuchungen über Festkörperreaktionen im System $BaO—AL_2O^3—SiO_2$ mit Hilfe der Infrarot-Spektroskopie

HEFT 1048
*Dr.-Ing. K. Konopicky, Dr. Ingeborg Patzate und cand. phys. K. Wohlleben, Forschungsinstitut der Feuerfest-Industrie, Bonn*
Über den Glasanteil in Silikatsteinen

HEFT 1001
*Dipl.-Phys. Dr. rer. nat. G. Langner, Institut für Elektronenmikroskopie an der Medizinischen Akademie Düsseldorf*
Die Informationsübertragung bei der Mikroskopie mit Röntgenstrahlen
*1961, 126 Seiten, 7 Abb., DM 37,—*

HEFT 1005
*Prof. Dr.-Ing. habil. K. Walz, Dr.-Ing. J. Bonzel, Forschungsinstitut der Zementindustrie, Düsseldorf*
Festigkeitsentwicklung verschiedener Zemente bei niederer Temperatur

HEFT 1012

*Dr. rer. pol. Th. Beckermann, Dipl.-Volksw. M. Wulff, Rheinisch-Westfälisches Institut für Wirtschaftsforschung, Essen*

Entwicklung und Situation des Baumarktes

HEFT 1015

*Dr.-Ing. K. Konopicky, Dipl.-Chem. E. K. Köhler, Forschungsinstitut der Feuerfest-Industrie, Bonn*

Die Veränderung der keramisch-technologischen Eigenschaften und des Mineralaufbaues verschiedener Tone beim Brennen

HEFT 1047

*Prof. Dr.-Ing. habil. K. Walz, Forschungsinstitut der Zementindustrie Düsseldorf*

Beton als Strahlenschutz für Kernreaktoren

GPSR Compliance

*The European Union's (EU) General Product Safety Regulation (GPSR) is a set of rules that requires consumer products to be safe and our obligations to ensure this.*

*If you have any concerns about our products, you can contact us on ProductSafety@springernature.com*

In case Publisher is established outside the EU, the EU authorized representative is:

Springer Nature Customer Service Center GmbH
Europaplatz 3
69115 Heidelberg, Germany

Batch number: 10585057

Printed by Printforce, the Netherlands